築夢踏石！打造現代日式庭園

實例　新型的日式庭園

玄關前的庭園。從左後方瀑布開始的枯流，穿過通道下面，在寬廣的前庭展開。（設計/三橋一夫）

以樹木為主的庭園

●本文在24頁

在有限的空間栽植桫欏、青楓、四照花等，利用雜木樹幹線條的巧妙配置，形成風情萬種的中庭。（設計/岩谷浩三）

以常綠樹為主構成的典型日式庭園。為了避免作庭當初的園石造景被遮蔽，庭木的剪定和管理變得格外重要。

橫跨前面溪流，鋪著丹波石的通道，能邊眺望草坪中的雜木風趣，邊被引導進入玄關。（設計/三橋一夫）

散落地豎立著紅葉和青楓，用馬醉木、柃木固定根部，以玉龍草作為地披植物。

好像步行在山路一般的通道，栽植小枹樹、紅葉、青皮、青楓等，演出變化多端的四季。（設計/三橋一夫）

沒有深度的空間適合栽植剪掉樹枝，讓葉片看似從樹幹直接長出的棒橡樹。（設計/三橋一夫）

●本文在38頁

把露臺、延段、草坪和遠景融合一起。庭園中心部有一大片草坪的開放式庭園。
（設計/三橋一夫）

利用通道把庭園劃分為二。後側是蹲踞和矮柏，前方是延段、草坪和落葉高木加以統合。（設計/三橋一夫）

建物的周圍特意配置植栽，透過植栽可看到草坪空間。前面成為可欣賞垂櫻的廣場。（設計/三橋一夫）

從蹲踞引導到屋簷下的大塊飛石，在草坪中強調其節奏感，形成有緊湊氣氛的草坪庭園。

移築鄉下房舍的山中別墅。開拓樹林，直接應用其自然起伏，建造成寬大的草坪庭園。
（設計/三橋一夫）

庭園中心設置草坪，周圍設置園路。使草坪空間變成可提供眾多生活用途的休憩庭園。

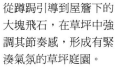

竹、箬竹的庭園

●本文在46頁

用土牆區隔的寺院坪庭。使用舊的石造物部分，和庭石、礫石、棕櫚竹構成的簡樸造型。

由苦竹、低木和下草所統合的中庭。重點在於如何把竹幹的線條自然組合。

栽植兼具地被綠化和固定石組基部作用的小箬竹。表現地面分割線和起伏的美感。
（設計/吉河功）

苔的庭園

●本文在50頁

在美國華盛頓州大學校園內的苔庭日式庭園。因管理地相當漂亮，所以參訪的人也多。（設計/飯田十基）

從明治到昭和持續作庭的新瀉縣・北方文化博物館庭園。具有豪農公館庭園的宏大景觀。

苔石和赤旃檀的植株充分表現協調美。高度恰恰好的燈籠也充滿審美感。（設計/岩谷浩三）

京都市・寶嚴院的庭園。因為園路、庭石、苔石空間一體化，所以美麗的風景會隨著步道展開。（設計/曽根造園）

石組、鋪礫石的庭園

●本文在60頁

京都市・大德寺瑞峰院。重森三玲作的石庭。依據作者的設計感所展現大宇宙的景觀。

如天然沼澤般組成的瀑布。每個石頭的高度、方向、斜度、重量都下過功夫追求感性。（設計/三橋一夫）

擁有厚重氣氛的枯山水庭園。經由前面的橋石組可看到後側的枯瀑布。對演出遠近感有很大的效果。（設計/吉河功）

組合枯瀑布、枯池、洞窟石組，以石組為主題的庭園。利用巧妙的石塊配置來揣摩古式庭園的風雅。（設計/吉河功）

洞窟石組被認為能將蓬萊神仙的思想加以表象化的石組之一。故以仙人隱居的洞窟做表現。（設計/吉河功）

使用五郎太石（小圓石）裝飾緣邊的枯流景觀。從平安、鎌倉時代就形成的古式穗籬，變成美麗的添景。（設計/吉河功）

庭園中的延段、飛石有效地成為景觀重點。但礫石要整齊地鋪平才能保持清淨感。（設計/曾根造園）

京都市・南禪寺的本坊庭園。前面有一大片的礫石空間，左後方可看到「虎之子渡」的石組。

東京都奧多摩・玉堂美術館的鋪礫石庭園。把屬於外部景色的圍牆外植木納入庭園內，當作接點的角色。（設計/中島健）

池、流的庭園

●本文在74頁

把從小瀑布引水進入池塘的風情展現出來的池庭。重點在於石組的配置要有原野景觀的自然感。（設計/三橋一夫）

設置在主庭裡的自然風水池。池邊的線條十分優美，瀑布和護岸的石組也很搶眼，給人華麗的印象。（設計/吉河功）

有瀑布和沙洲的池塘。利用前方的大石塊來強調遠近感。而且每塊石頭的表情都精心研究過。（設計/三橋一夫）

造型嶄新的小瀑布水流，會舞動著多采多姿的表情取悅觀賞者。

塑造成整齊形狀的西洋風水池。石組是採用方形的切割石。從其配置理論可看出傳統的手法。

在庭園中配置流水，趣味性將更上一層。但河邊的石塊或下草的配置，必須講究高度美感。

來自後面瀑布的流水，從室內也能眺望到，夜間透過照明依舊能一覽無遺流水活動的身影。（設計/三橋一夫）

從各種角度都能觀賞到瀑布石組和水流的動感。美麗的流水動線在綠色草坪中相當耀眼。（設計/吉河功）

表現枯流的場所，必須具備石組。從護岸的石塊配置和橋石組的鋪排都可看出作者的技巧和感性。（設計/吉河功）

在玄關側邊的狹小空間，以想擁有一木一石的心情，配置美麗形狀的石塊和樹木，誕生出坪庭。（設計/三橋一夫）

使用水掘石當作手水缽。在日常生活中創造出令人感覺祥和的空間。（設計/三橋一夫）

坪庭、中庭

●本文在82頁

玄關內的低一階空間。穿過玻璃門，連接外面延段，讓庭園演出擴張感。（設計/三橋一夫）

●本文在86頁

透過茶室小門可以看見蹲踞（石製洗手盆）。在寧靜中也能享受水滴聲和景色。（設計/三橋一夫）

所謂茶庭是指走往茶室的通路，又稱為「露地」。本實例是可從石凳經過露地走向茶室。（設計/吉河功）

從通道看到的露地。茶庭所追求的是實用和景觀。所以住宅的茶庭的建造必須要有鑑賞心。（設計/三橋一夫）

利用柴扉把露地區分為內和外。懷著期待喝茶的興奮心情走來，在此稍稍佇足的空間。（設計/吉河功）

通道

●本文在96頁

長長的通道是用花岡岩和鏽色礫石的洗石子做成的。寬大的草坪空間是遊戲場所。
（設計/三橋一夫）

故意設計轉彎，在看不見盡頭下前進，演出景色變化充滿意外驚奇的通道。是能令人忘記瑣事的空間。
（設計/三橋一夫）

在既存隨意拼貼的丹波石通道上增加緣石，加深通道的風格。然後再點綴手水缽和植栽。
（設計/三橋一夫）

配合茶室的建物，使用的丹波石、杉苔、青楓和台杉等也都經過嚴選。
（設計/三橋一夫）

鋪丹波石的通道。為了取悅訪客，增添觀賞景點。同時對訪客歸途路徑的景緻也很講究。

觀賞庭園造景

實例和作法

■執筆者（插圖） 造園家 三橋一夫

開始庭園造景之前

有關「庭園造景的方法」，在許多的庭園指南、入門書中都有說明，但對一般讀者們來說，自己想打造庭園還是非常困難。不過也非絕對不可能。所以，務必嘗試親手建造自己的庭園看看！至於非專業者無法完成的部分，就請諮詢取得共鳴的庭園造景師吧！相信一定能獲得滿意的協助。

為此，本書不僅解說，也以實際在庭園施工的立場，表達現場的心聲和建議，希望各位在進行庭園造景時有所參考。

■想打造什麼感覺的庭園呢？

首要要決定的是明確知道自己想要什麼感覺的庭園。

當我們業者和雇主進行第一次協商時，多半的雇主都是心中仍沒有具體的庭園概念。因此，業者必須在閒聊中去察知雇主的喜好。

以業者而言，雖會依據對建物的喜好、用地的條件，在腦海浮現大概的構想，不過仍要從和雇主的對談中去推測「期望什麼樣的庭園」。為此，務必把過去自己的作庭實例照片或書籍等提供給雇主參考並諮詢意見。更有效的方法是詢問「過去看過的景色或庭園中，有無你所懷念的呢？」透過這種詢問，讓雇主的腦海產生更具體的庭園概念」。

所以，也請各位回想看看，過去觀賞過的庭園中那個最令你感動呢？而且不一定是庭園，名勝照片也可以。

接著為了呈現類似的氣氛，先要建立溝通平台。

■落實庭園概念

為了幫助庭園概念具體化，庭園的區分有如下的方法。

①依樣式作區別——日式庭園或者西洋庭園。

②依使用目的作區別——喝茶用的庭園、遊戲用的庭園，或者戶外休閒用的庭園。

③依構成要素作區別——石組的庭園、以流水或池塘為主的庭園、草坪庭園、雜木庭園或者以裝飾物為主的庭園等。

但在決定庭園概念時，要注意的問題是庭園的寬度是有限的，別野心過大涵蓋過多的要素。用心整理出不需要的要素，儘量以單純清楚的庭園為目標。

■配合預算打造庭園

任何事情都要有預算。超乎預算的計畫，將會徒勞無功。不過，起先不迎合預算著手計畫卻很重要。因為若迎合不多的預算去擬定計畫，計畫必然會縮水而無法設想。在計畫階段，應該專注的是如何打造理想的庭園為宜。等整體計畫出爐後，再依據預算範疇，把工程分成1期或2期施工即可。

■考量計畫——進行設計

進行庭園設計時，必須檢討下列事項。

①土地條件——地形、高低差等。

②用地和建物的結合方式——造型、方位等。

③家族成員——有無幼兒、老人？

④喜好——日式、西洋、植木的喜好等。

⑤預算

●土地的條件

有關土地的條件，可細分為

ⓐ用地的形狀以及面積。

ⓑ建物的位置

ⓒ道路以及用地的高低差。

ⓓ方位以及通風、日照等。

以上的事項務必確實調查清楚才可擬訂計畫。因為即使地形上十分漂亮，但排水、通風、日照若不妥善的話，日後的管理將很棘手。要知道排水、通風、日照都是庭園造景上的重要條件。通風不良，苔、草等地被植物會發育不良，日照不充足，也會影響植物的成長。

至於用地的形狀，可說是一個無法改變的條件。如果庭園在北側，而且細長、通風不良、日照也差時，則別栽種植物，設計成以石塊為主題的庭園，或者因應現場的條件，作臨機應變的處理。

●用地和建物的結合方式

建物要蓋在用地的那個方位，距離邊界多遠，玄關位置選在何處，這些也都是決定庭園造景的重要條件。

●家族成員

特別是有幼兒的情形，必須顧慮到遊戲時的安全性。

●喜好

雖然會因建物造型而有所限制，但儘量把喜好優先納入來表現自我也可以。

●預算

最後的重點是預算。

庭園造景分為自己打造的趣味性部分，以及自己做不到需要委託業者的部分。費用方面，有些反而委託業者較便宜，所以要仔細考慮來分配預算。

■考慮庭園的養護、管理

庭園造景的型態多采多姿，但重要的是，除了完成庭園造景，日後的日常管理也要顧及到。

例如計畫種樹，就要聯想到若栽種太多松樹等需要費事管理的植物時，每年必需支付一筆龐大的管理費。或者想建造流水或池塘時，就要聯想到若缺乏能讓水質保持清澈，能觀賞到魚的的過濾設備，那麼就會陷入必須經常掃除水池的狀態，這些都將令人厭煩。另外，想用水沖洗露台的話，為了避免庭園泡水，也需要排水設備。

若使用了數種以落葉樹為主體時，則必須顧及落葉的打掃。有時在道路旁種植太多落葉樹，可能會惹來鄰居的抱怨。而且同為落葉樹，也有葉多和葉少的區分，是要混栽或是區分使用，也需要計畫。

兼具通道作用，以及實用性的庭園。鋪丹波石的延段是庭院的重點。
（設計/三橋一夫）

配置草坪空間的雇主也不少。因為能迅速完工，實用又便宜，故許多人喜歡鋪草坪，但想經常保持美麗、青翠的狀態，就需要除草、修剪等日常管理，這也非易事。所以草坪空間最好別佈置不必要的裝飾物，考量方便修剪為要。且春、夏長葉的時期修剪幾次。總之，要把管理上的困難納入你的計畫中。

■庭園沒有夠不夠大的問題

常聽到有人說「我家的庭院太窄小」。其實無論多寬或多窄的庭園，都各有其造景的方法。連稱為「坪庭」般的一坪大小空間，也足夠造景。所以請針對目前的空間，從各角度思考，激發構想。

■考慮和建物的協調

庭園造景時的首要考量應該是和建物的協調。你的周遭有無住宅和庭園不協調的案例呢？因為通常有所謂先蓋建物，接著蓋門牆，最後再庭園的造景順序。所以建物和庭園必須彼此尊重、理解對方的型態，設法取得協調才行。但也不必因為建物是西洋或日式，就得堅持保持一樣風格。請因應個別現場，臨機應變地納入自己的喜好，打造一個能和建物和諧共存的庭園。

樹木庭園的建造法

■設計 — 用地的劃分（圖①）

依據「用地內如何配置建物」來決定庭園的計畫。最近建築方案中不把庭園納入考量的理由，並非用地狹窄，而多半是「建物蓋好了，才要作庭」的狀況。這一來，可能會發生例如玄關設置不當，導致連設計通道都找不出空間等等窘境。所以設計時，用地內的建物和庭園配置等的用地劃分成了重要關鍵。而且每家的周圍條件或環境都不相同，請務必思慮周密才作決定。

●主庭

庭園中的主要部分，因多半面對著會客室、客廳、起居室等，故常被利用為居家生活的延伸和休憩的場所。基本上，主庭是可依據自己喜好自由發揮的場所。喜歡花草就建造花壇、設置露台，當作建物的延伸空間，多用途地利用。同時，可組合植栽和水流，以景觀為主題，營造祥和穩重的氣氛也不錯。那麼無論是什麼形狀、什麼風情的庭園，都能成為「帶給生活安定感」的庭園。

●前庭——通道的庭園

客人來訪時，首先接觸到的就是前庭。包括從門到玄關的通道以及其周圍的植栽、添景物都稱為前庭。除了植栽，延段、鋪石也都是庭園景色的要素。以「散步」為本位的實用庭園，其作用就如同茶庭「露地」，所以重點在表現深度感。

●中庭、坪庭

在建物內部，打造獲得日照、通風目的的空間就是中庭、坪庭。主要追求沈澱心情，放鬆自己的空間。

歐洲以西班牙的中庭（patio）最有名，是兼具實用和觀賞的中庭。以日本而言，多半實例是為了追求精神寧靜的場所。

圖① 庭院的區分

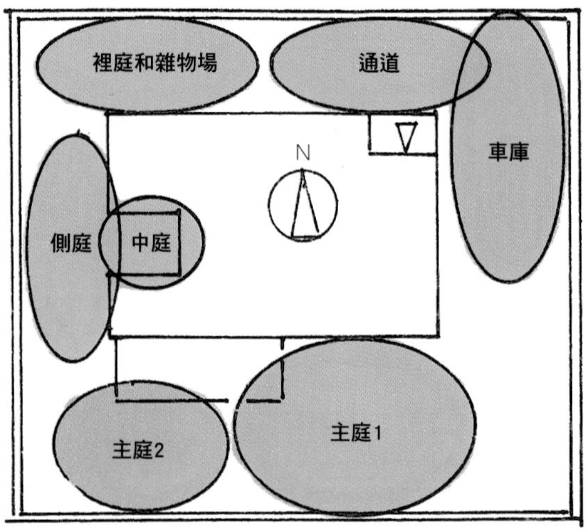

●裡庭——雜物場

是現實生活上不可或缺的部分。也是在廚房門口附近，用來擺放置物架、垃圾桶、腳踏車和當作曬衣場等的場所。這個擁有眾多目的的空間是每天生活所必要的。

●側庭

側庭具有連接主庭和裡庭的作用。必須講究實用，並以方便行走為主題。

■栽種庭木之前

決定好庭園計畫，準備栽種庭木之前，請先檢查該用地的「土質」。庭木各有其植物生態，花草也各有其適合成長的土壤。所以土壤若不適合庭木時，必須加土後才可栽種。栽種高木時，也必須給予其根部擴張的深度和寬度。

其次是「日照」和「通風」。植物需要充分的日照才能發育，這是栽種植物的重要問題，在此理當要說明。另外，通風也是具有防蟲意義的另個重要問題。若一開始就栽種許多樹木，數年後會因茂盛而通風不良，故請以感覺稍微稀疏的程度來栽種為宜。

至於要栽種哪些庭木呢？參考附近狀況即

可。例如鄰居種些什麼樹，或者，附近林地成長些什麼樹，使用相同種類的樹，相信就能適合這裡的土地，較能安心。但請不用擔心景觀會和鄰居一模一樣……，因為即使採用相同的材料，但設計款式不同，處理方式不同，就不可能產生相同的感覺。

■庭木的作用

●主木、中木、下木

庭木依使用目的以及原本的性格，區分為主木、中木、下木。在庭園的哪個部分使用什麼樹木、什麼形狀，都是決定庭園景觀的條件。

栽種在庭園中心的稱為主木。是整體的重點，有統合庭園的作用。可使用松樹、羅漢松、杉、楊梅、黃楊等。

中木有構成庭園的作用。多半的植木屬於中木。所以細葉冬青、茶梅、小枹、辛夷、茶花、櫻樹等都可納入其範疇。

下木具有襯托主木和中木的作用，多半使用低木來當下木。可使用瑞木、雪柳、連翹、杜鵑類、枸骨南天、柃木、五月杜鵑、馬醉木等。

●陰樹和陽樹

庭木分為喜歡日陰、半日陰的陰樹和喜歡日照的陽樹兩種。因此要分別考慮建物和庭園的方位，以及一天中有多久的日照來決定使用的樹木。

●落葉樹和常綠樹

若庭園全部使用常綠樹，將會欠缺變化。應配植一些落葉樹，讓常綠樹成為落葉時的背景，那麼既不影響庭園景觀，又能演出趣味性。新綠、開花、濃綠、紅葉，落葉樹會在一年內呈現各種模樣。因此以常綠樹居多，再邊考慮協調性邊配植落葉樹為宜。

●栽種時的注意事項

有關栽種方法，之後再詳述。但栽種時基本上要考慮3年內的成長狀態。若僅追求當下的茂盛外觀，3年後必然擁擠雜亂。可能有通風不良，發生病蟲害等管理上的麻煩。而且，樹木的成長速度各不相同，若不瞭解將來的高度，現在的高木和低木到了日後可能高矮相反，呈現截然不同的風貌。

※

到此為止所說明的是「庭園造景時的考慮事項」和其中有關「庭木」的問題。接下來要說明的是具體的庭木種類、栽種方法和管理方法等，將依據實際施工的層面來敘述。

■庭木的種類

庭木的種類，若概括性地排列出來，想必難以理解，所以在此要依據實際庭園造景時，該種哪些樹，要種在哪裡，作如下的區分。

ⓐ陽樹和陰樹　ⓑ適合西洋的樹和適合日式的樹　ⓒ常綠樹和落葉樹　ⓓ用途別　ⓔ使用場所別

●陽樹（圖②）

落葉高木＝櫸木、白樺、合歡、花瑞木、四照花、山紅葉、令法、小枹、櫟樹、辛夷、石榴、梅樹、櫻樹、百日紅、桫欏（夏椿）、木蘭、青楓、齊墩果、榠楂、七度灶、赤楊等。

常綠高木＝松樹、馬目、龍柏、柳杉、月桂、洋玉蘭、喜馬拉雅杉、馬刀葉櫧、冬青、厚皮香、山桃、野山茶等。

常綠中木＝光葉石楠、金木樨、黃楊木、側梅、海桐、正木、圓葉火棘等。

常綠低木＝五月杜鵑、杜鵑、忍冬、山月桂、車輪梅、瑞香、鐵樹、石楠、矮檜等。

落葉低木＝落霜紅、金雀兒、大手毬、櫨子、麻葉繡球、山楂、垂枝紅葉、連翹、粉花繡線菊、棣棠、滿天星、衛茅、荻、紫薇、姬蘋果、向日瑞木、紫藤、草木瓜、檀木、金縷梅、三葉杜鵑、雪柳等。

●陰樹（圖③）

常綠高木＝羅漢松、紫杉、犬黃楊、金松、小葉羅漢松、楊桐、珊瑚木、女真、絲柏、棕櫚樹、枸骨木樨等。

常綠中木＝隱蓑、野山茶、枸骨等。

落葉低木＝萼八仙、莢米等。

常綠低木＝桃葉珊瑚木、馬醉木、五葉箬竹、濱柃、南天、八角金盤、硃砂根、紫金牛等。

●適合西洋庭園的樹木

常綠高木＝龍柏、鐵樹、唐棕櫚、虎尾樅、喜馬拉雅杉、千年木、萬壽蘭等。

落葉高木＝白楊、合歡、花瑞木、白樺、紫丁香等。

常綠低木＝山月桂、忍冬、車輪梅等。
落葉低木＝滿天星、八仙花等。

●適合日式庭園的樹木

常綠高木＝赤松、黑松、五葉松、伽羅木、犬黃楊、厚皮香、小葉羅漢松等。
落葉高木＝山紅葉、櫻樹、百日紅、梅樹、雲龍柳等。

●適合遮蔽用的樹木

常綠高木＝細葉冬青、珊瑚木、花柏、白樺、馬刀葉櫧、光葉石楠、山茶、樟樹、金木樨、枸骨、山桃、交讓木、唐黃楊、茶梅等。
常綠低木＝桃葉珊瑚木、杜鵑類、正木、八角金盤。

●製造綠蔭的樹木

落葉高木＝辛夷、小枹、杪欏（夏椿）、青楓、櫸木、櫻樹、合歡等。

●防火用的樹木

常綠高木＝女真、青栲、珊瑚木、鐵冬青、厚皮香、交讓木、山茶等。

●呼喚小鳥的樹木

圓葉火棘、落霜紅、鐵冬青、南天、莢米、桃葉珊瑚木、柿子、茱萸等。

●適合主庭的樹木

常綠高木＝赤松、黑松、厚皮香、光葉石楠、羅漢松、山桃、金木樨、茶梅等。
落葉高木＝櫸木、四照花、赤楊、辛夷、白樺、花瑞木、梅樹、百日紅、白木蘭等。

●適合前庭的樹木

赤松、姬杪欏、細葉冬青、厚皮香、白樺、

圖②　陽樹的種類和栽種場所

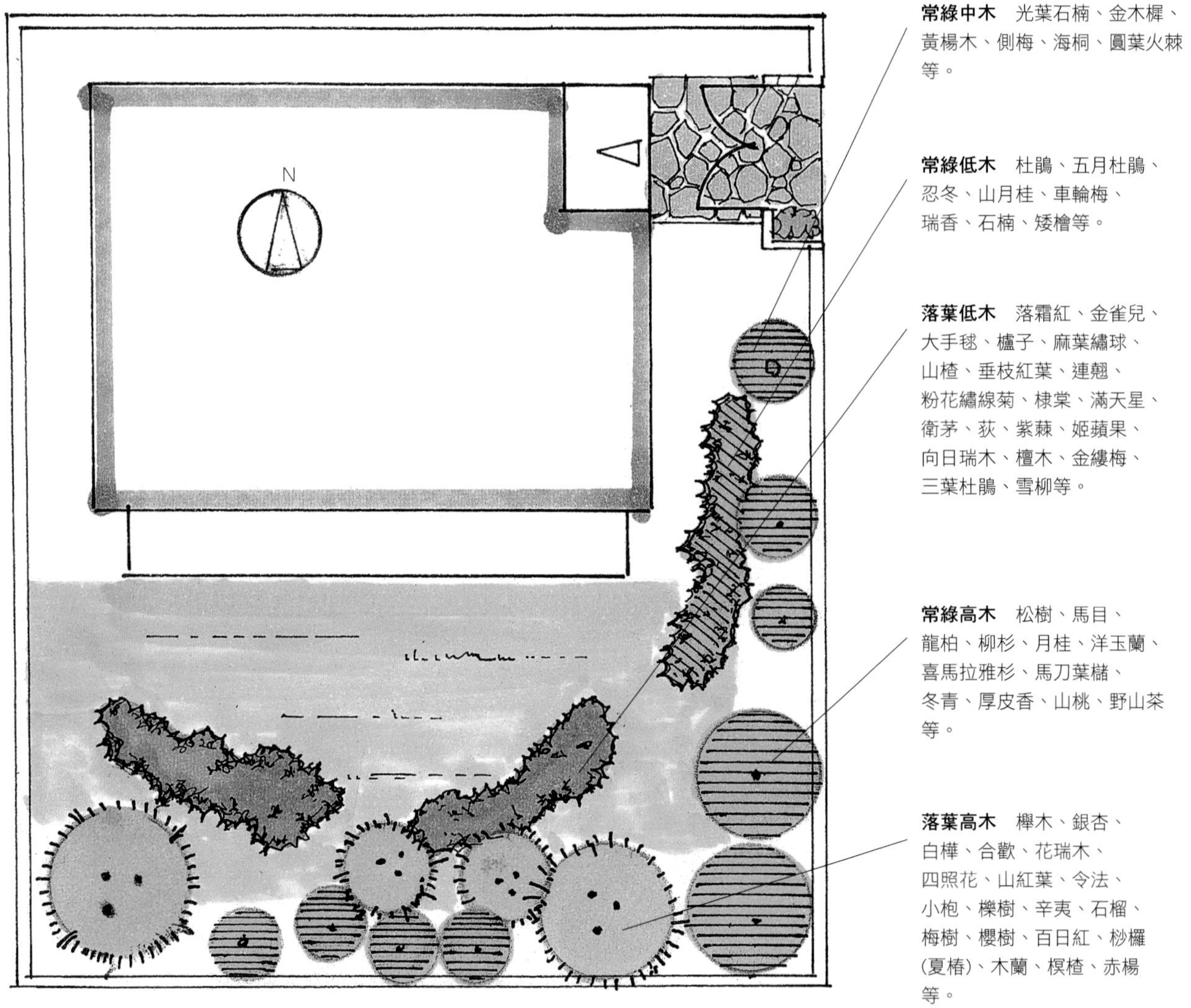

土松、黑松、馬醉木、枸骨南天、五月杜鵑、滿天星等。

●適合裡庭的樹木

梧桐、珊瑚木、粗櫧等。

●適合中庭的樹木

桃葉珊瑚木、馬醉木、箬竹類、枸骨南天、八角金盤、紫金牛、金松、茶梅等。

■庭木的配植（圖⑤、圖⑥）

所謂配植是指植栽的設計。在決定庭園的設計之前，首先要決定庭園的主題為何。包含周圍的種種條件一併思考是以石塊為主？或者流水、水池為主？或者植栽為主？

之後，再決定想用的樹種。但基本想法，避免使用多種類樹木。因在有限空間中使用太多種樹，會變成沒有穩定感的庭園。以同種類的樹木為基調，再點綴其他樹木，才能從單純中產生穩重氣氛。因此若從市集等隨意購買，隨性栽種的話，即會破壞整體風格，形成毫無重點的庭園。

組合石塊也一樣，別只凸顯1個石塊或1棵樹木的美，應該謀得彼此的協調，表現大自然般的自在感。而且要有計畫地讓人在自然中，能深切感受到精心佈置的美感。

●配植的方法 — 技術性的處理

首先一定要提醒各位的是，所謂「庭木應該如何配植」的技術論，其實只是基本論罷了。因為面對現場，都有需要臨機應變處理的狀況。所以若為了遵循「原則」而舉棋不定的

圖③　陰樹的種類和栽種場所

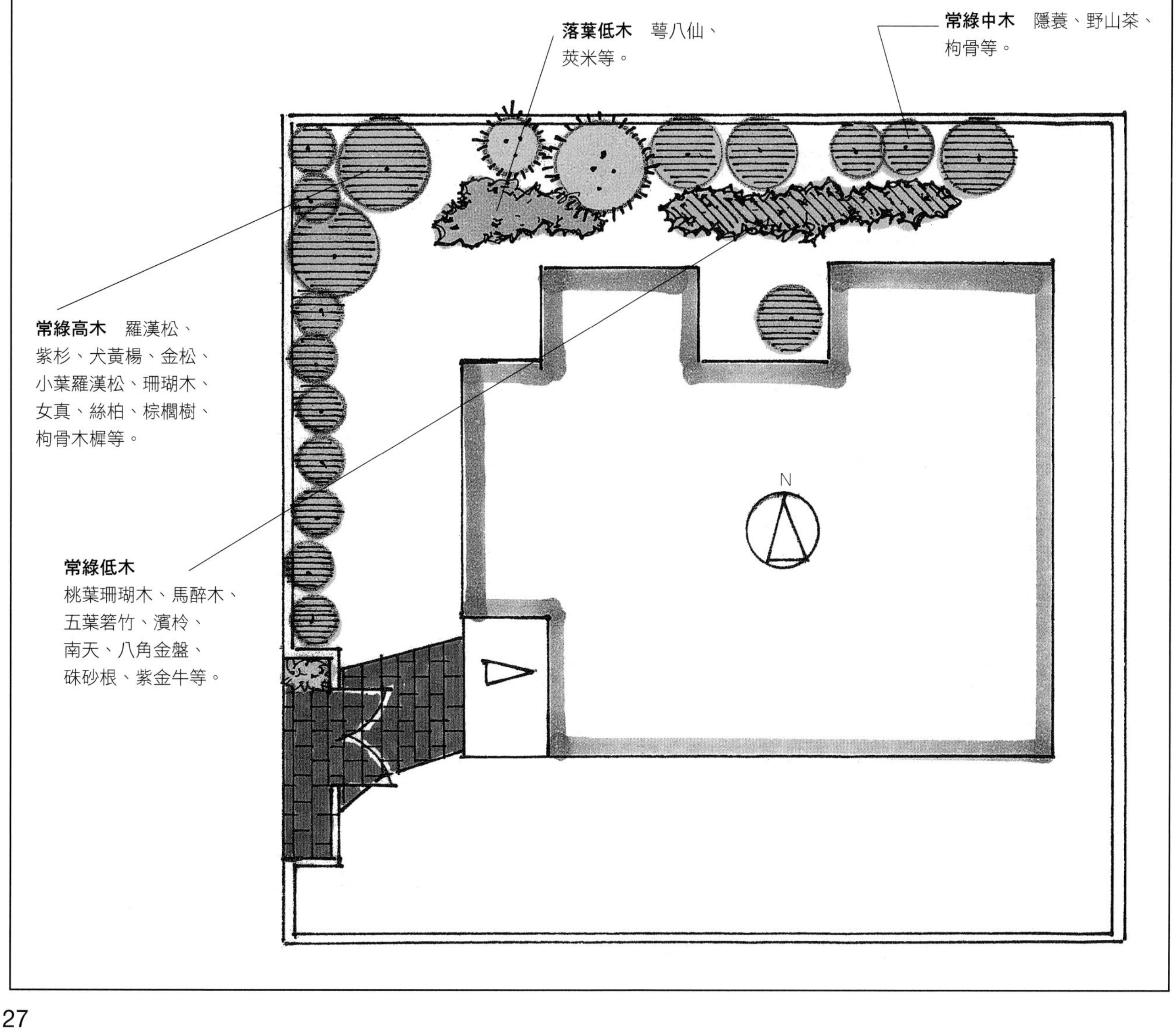
落葉低木　萼八仙、
莢米等。
常綠中木　隱蓑、野山茶、
枸骨等。
常綠高木　羅漢松、
紫杉、犬黃楊、金松、
小葉羅漢松、珊瑚木、
女真、絲柏、棕櫚樹、
枸骨木樨等。
常綠低木
桃葉珊瑚木、馬醉木、
五葉箬竹、濱柃、
南天、八角金盤、
硃砂根、紫金牛等。
N

圖④　依據使用場所區別庭木種類

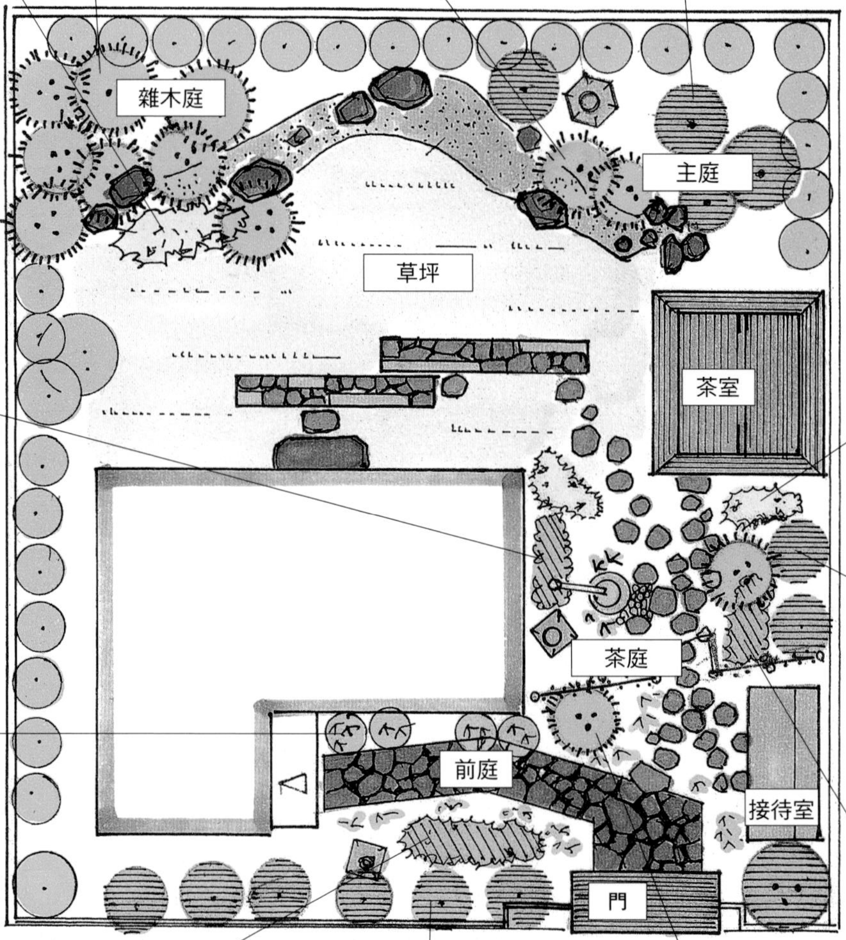
雜木庭
主庭
草坪
茶室
茶庭
前庭
接待室
門
落葉高木　小枹、山毛櫸、四照花、紅葉、花瑞木、辛夷、白樺、赤楊、桫欏、齊墩果、木蘭、令法、紫丁香。
常綠高木　松類、土松、山桃、樟樹、光葉石楠、杉、粗櫧、金木樨、厚皮香、柳杉、洋玉蘭、唐黃楊、交讓木等。
落葉低木　落霜紅、大手毬、莢米、麻葉繡球、山楂、垂枝紅葉、粉花繡線菊、滿天星、衛矛、荻、瑞木、檀木、金縷梅、三葉杜鵑、棣棠、連翹等。
落葉高木　梅樹、白樺、百日紅、花瑞木、櫸木、辛夷、木蘭等。
下草類　蝦脊蘭、吉祥草、紫萼、雁足、箬竹、白及、橐吾、富貴草、油點草、虎耳草、沿階草。
落葉低木　檀木、金縷梅、紫珠、衛矛、桃葉衛矛。
常綠高木　杉、金松、厚皮香、青栲、粗櫧、野山茶、矮絲柏、女真等。
竹類　大名竹、金明竹、方竹等。
常綠低木　馬醉木、硃砂跟、南天、八角金盤、箬竹類、草珊瑚、濱柃、小葉山茶、紫金牛、桃葉珊瑚等。
常綠低木　五月杜鵑、杜鵑類、南天、馬醉木、桃葉珊瑚木、枸骨南天等。
常綠高木　赤松、黑松、小葉羅漢松、冬青、粗櫧、青栲等。
落葉高木　山紅葉、姬桫欏、桫欏、水楢、野村紅葉等。

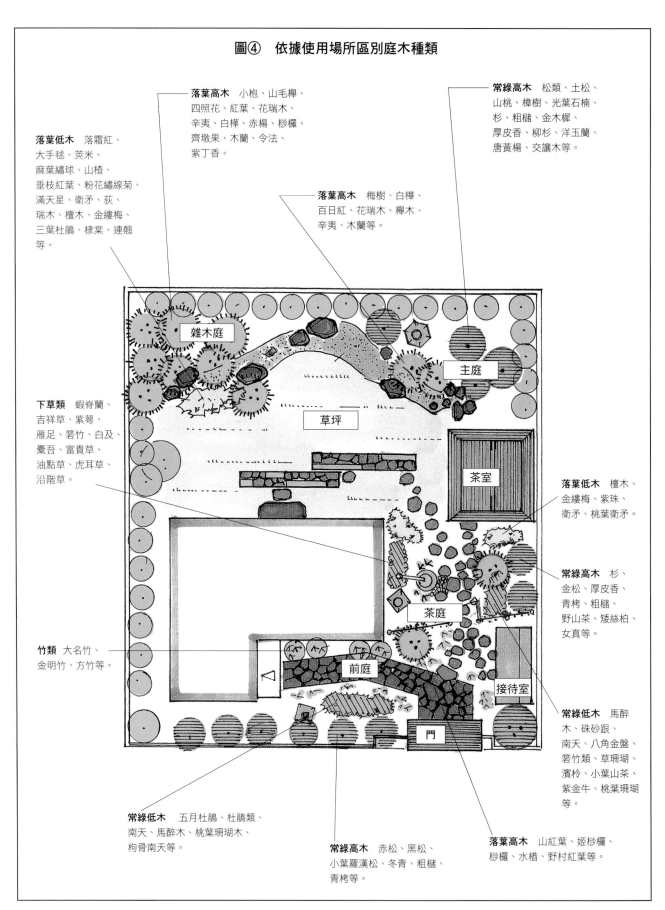

圖⑤ 庭木配植的基本

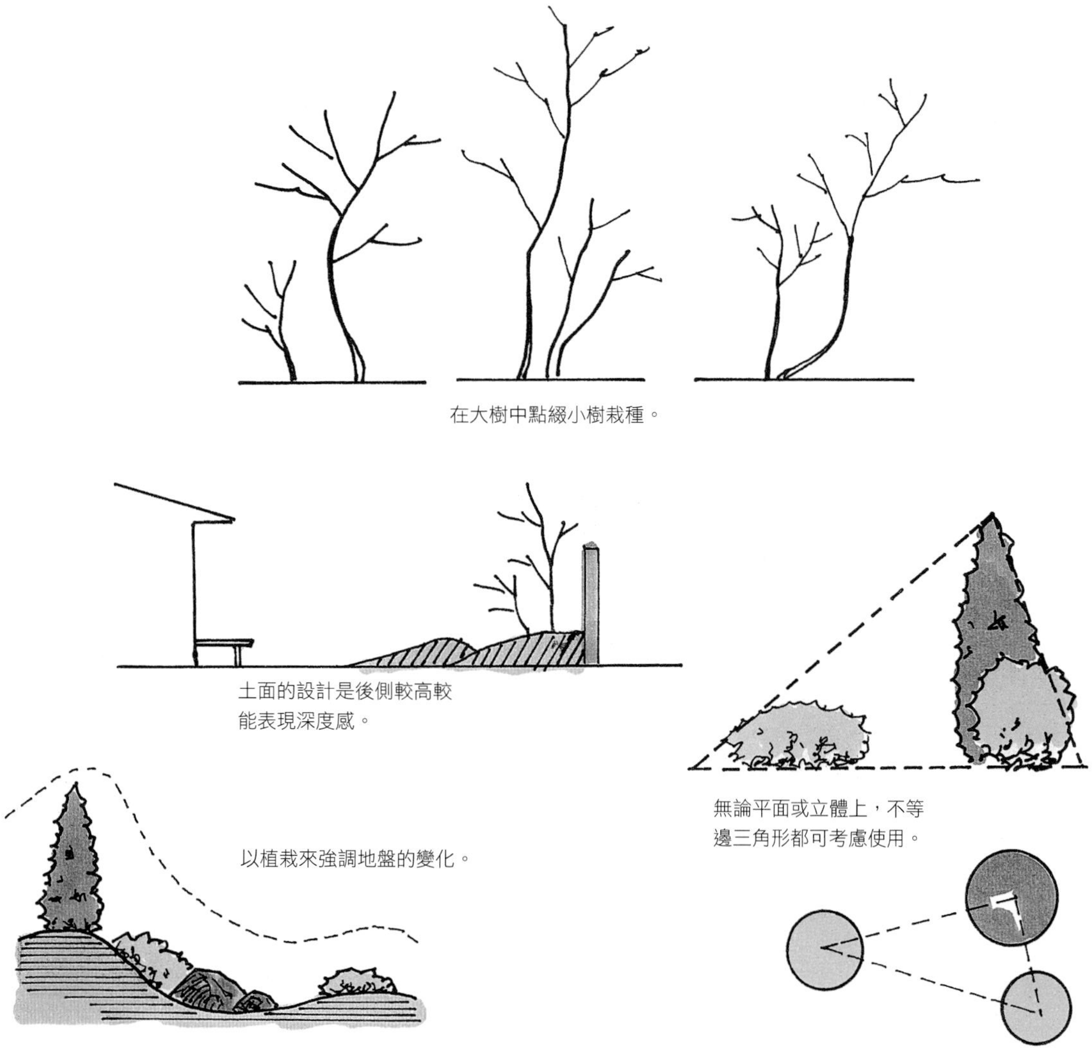
在大樹中點綴小樹栽種。
土面的設計是後側較高較
能表現深度感。
無論平面或立體上，不等
邊三角形都可考慮使用。
以植栽來強調地盤的變化。

話，反而本末倒置。

自古日本就有凡事以「七、五、三」的奇數單位來進行。這種例子在我們生活中也不勝枚舉。推測其理由，可能奇數在不整齊中存在某種安定性，能保持力的平衡所致。所以從過去先人們就把這視為設計中的原理，用心地傳承下來。

話雖如此，但原理畢竟是原理，無須過度執著。某些場所，遇到非用偶數無法完成的狀況時，最重要的還是要臨機應變才是上策。

配植的模式

若是西洋庭園，是採取左右對稱的對稱法，表現規規矩矩的整齊美感。但日式庭園的植栽，基本上是以打破平衡的方式栽種。

在中心栽種主木，然後加入添景木。基本型是組合成不等邊三角形。並以這樣的三角形為單位，逐一增加、組合。這種三角形也各以大中小來作變化，邊考慮平衡邊栽種。而且三角形並不單指平面，也能利用在立體上，或從側面看呈現不等邊三角形。

以中心的樹為「真」（主要的景觀），加入「添」、「對」（添景與對景）來栽種。為使大小有所變化，又邊混合樹種，邊呈現立體感和遠近感。

當然這不過是基礎的原理。整體結構才是庭園造景的關鍵，因此植栽也必須配合土地劃分、土面工程、石組等。

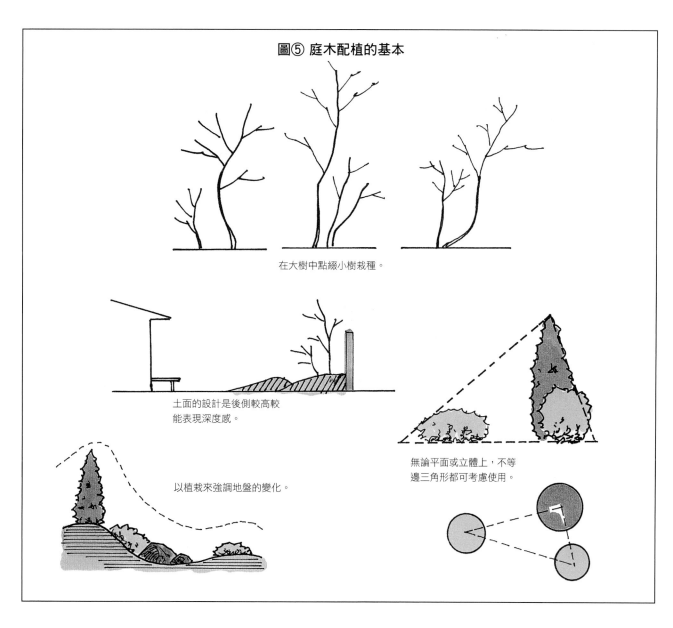

● 庭木配植的注意事項

庭木配植的注意事項包括庭木別排列在同一條線上。排在同一條線的型態，是我們所排斥的「軍隊排法」。應該在互相重疊中產生自然協調為要。以樹籬而言，當然要如此整齊才美觀，但庭木卻需要追求亂（不整齊）中的美感（協調、平衡），才能營造出自然、柔美的氣氛。

另外要避免在庭園栽種太多樹木，更重要的是避免使用太多數種，才能有好的結果。因為樹木各有其風味，種類太多，氣氛即無法統合。應該思考用什麼樹來表現整個庭園的風味後才決定數種。

平安時代就有的庭園指導書『作庭記』，就曾記載石組的基本是「順乎其石之乞」。亦即，安置第一個石塊後，下個石塊就順從第一個石塊所要求的大小、形狀、間隔來配置。也就是說，要請教前個石塊想連接什麼樣的石塊，然後遵從其的「乞」＝「求」來配置後個石塊。

栽種樹木也一樣。先種一棵，接下來當然要選擇能自然搭配第一棵的樹木才種。亦即相鄰的樹木必須能夠彼此呼應、協調。所以樹幹粗細、彎曲方式、枝幹長法或角度顯著不同的樹，將難以取得協調和統合，務必避免。

● 雜木配植的注意事項

栽種雜木的技巧在於配置的考量，應儘量呈現看似自然成長的狀態。雜木的優點是能欣賞柔美枝幹線條交錯重疊的模樣，所以別單獨栽種，應數棵一群一群地栽種才有效果。又為了因應秋冬的落葉時節，也要栽種有背景掩飾作用的細葉冬青、橡樹、木樨、枸骨、山茶、山桃等。製造好像穿過雜木林中的氣氛。

圖⑥　庭木配植的方式

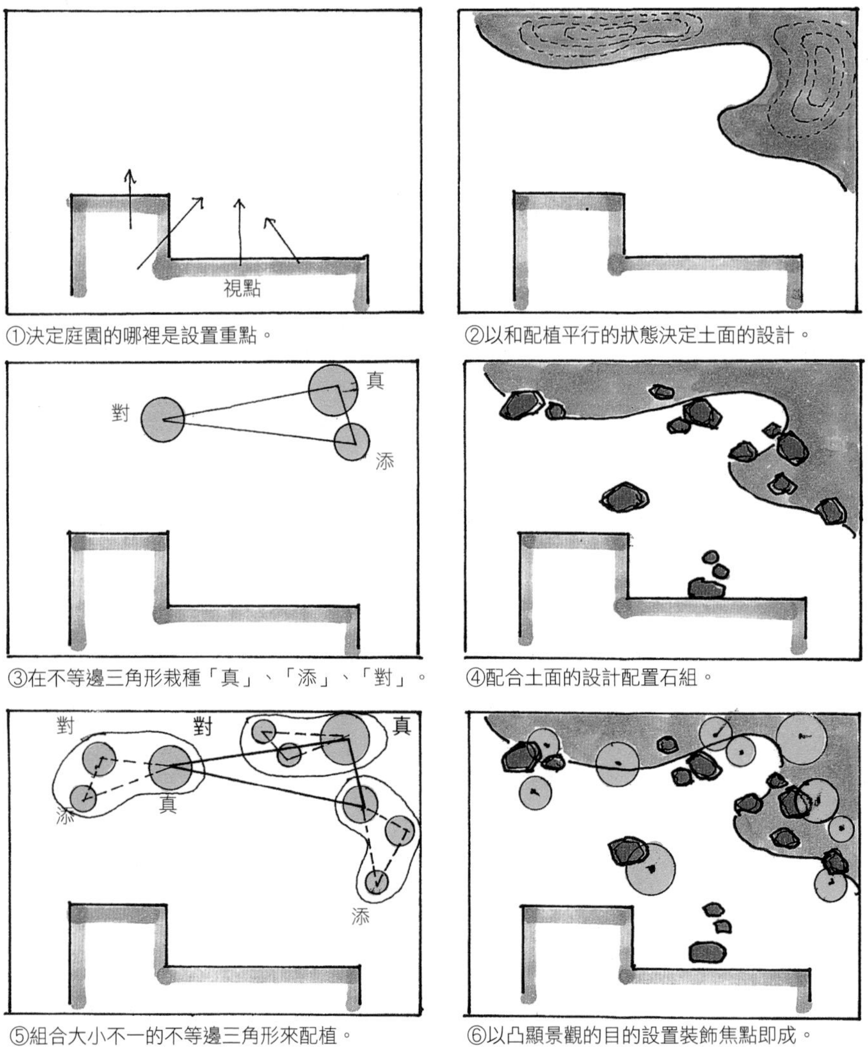

①決定庭園的哪裡是設置重點。
②以和配植平行的狀態決定土面的設計。
③在不等邊三角形栽種「真」、「添」、「對」。
④配合土面的設計配置石組。
⑤組合大小不一的不等邊三角形來配植。
⑥以凸顯景觀的目的設置裝飾焦點即成。

■ 庭木的移植

● 調查移植後是否能夠存活

一般而言，從種子培育，並一直栽種在同個

場所的樹木，多半移植困難。因為鬚根較少。根多、細根也多的樹木就容易存活。故針對根少的樹木，要切根，迫使從切口長出更多的細根，提升存活率。這也是大樹需要進行整根的原因。等到新的切口長出新根後才可移動。

常聽販賣商說「這棵移植的樹已經沒有問題了！」。這正意味著經過捲根移植的樹木已經長出細根，故也容易存活。

●移植的時期

雖然庭木移植的時期會因地區有些差異，但最佳的時期是庭木休眠後到春芽即將長出之前。以關東地區為主的適期分別如下。

針葉樹（松樹、杉、檜木等）是3～4月、10～11月最適合。

常綠闊葉樹（細葉冬青、木樨、厚皮香、茶梅、山茶等）是春芽即將長出到長出新芽之間的成長暫時中斷期，亦即3～6月最適合。秋季移植則選在9～11月。

落葉樹（梅樹、櫻樹、櫸木、紅葉、白樺、花瑞木等）是在無葉時期，亦即2月下旬～4月，10～11月為適期。

圖⑦　有效果的植栽

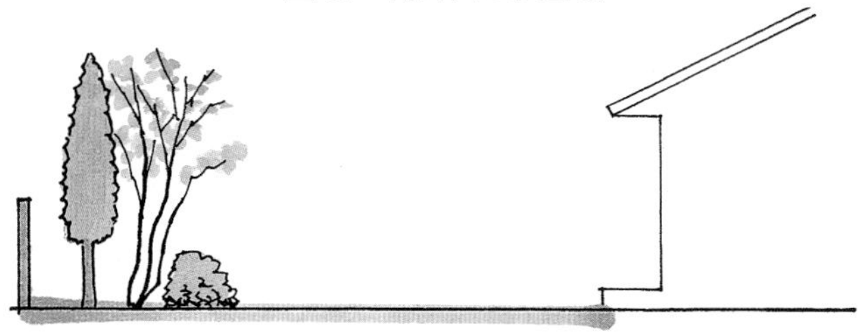

在平坦地面進行植栽的例子。缺乏變化。

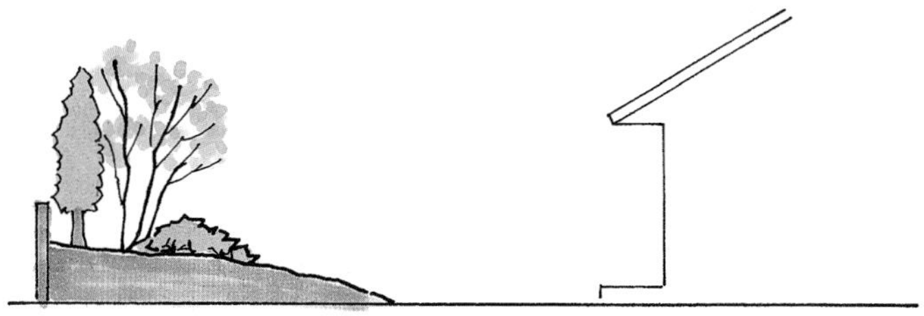

在壟高的場所進行植栽，才有變化性。

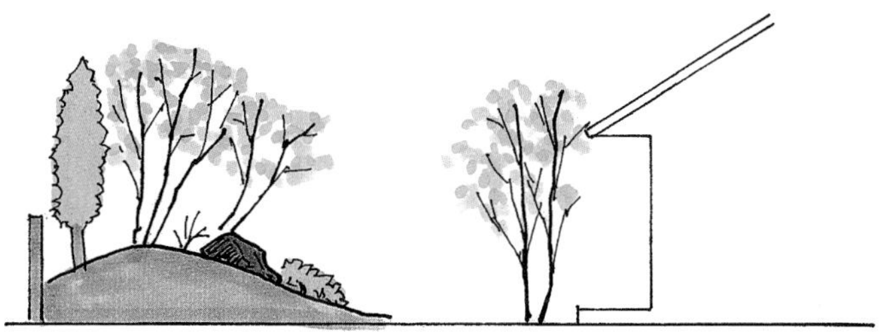

更能產生深度的方法是把壟高地面的後側降低，並在建物前栽植高木。

圖⑧　讓庭園產生動感

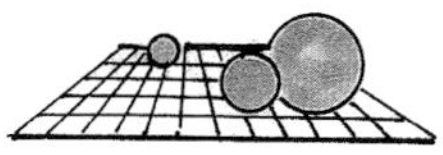

基本型

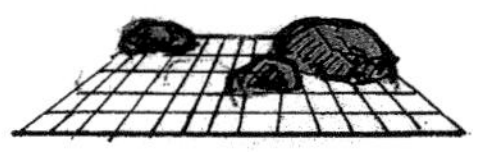

用石塊表現

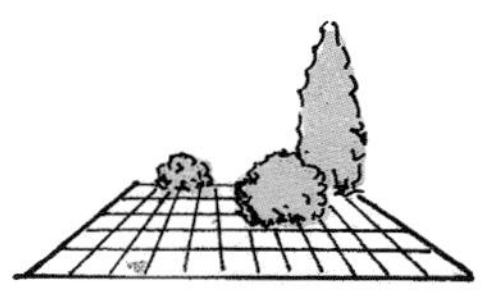

用樹木表現

■庭木的栽種方法（圖⑨、圖⑩、圖⑪）

①決定好栽種場所後，挖洞。洞的大小要比根缽約大出30cm。亦即「要挖大、挖深」。土壤若良質就不用擔心，但若屬黏土質，則要挖深，添加農田土當客土。

②決定好方向、角度後，把根缽埋入一半程度、澆水，這稱為「水固法」。做成泥濘的狀態來排除根和根間的空氣，讓根缽土互相密合。為此，要左右推一推或轉動樹木，然後用圓木棒戳一戳。之後，等待一會兒直到水退掉。

③水退到某程度後，接著覆蓋土壤，用腳踏實。此際，可修正樹木的姿勢。

④大約1天後請再次踏實。而且在樹木周圍堆土做成水缽，澆水。同時設置防風柱防範植栽被風吹動。

■庭木的管理

庭木無論多麼細心栽種，若之後的管理不完善的話，依舊會損壞美觀，導致病蟲害發生，最後枯萎。

為了避免發生這樣的事態，在此要具體說明每棵庭木在一年期間需要進行哪些管理。

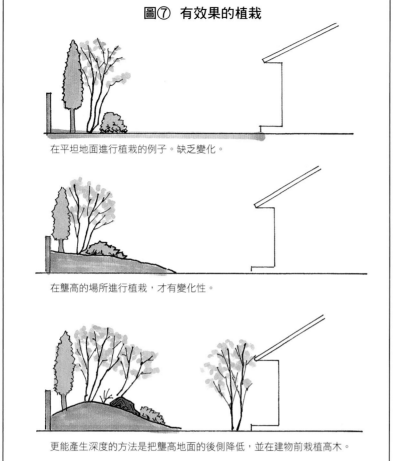

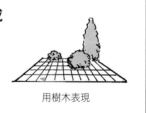

圖⑨　樹木的栽種法

腐葉土等
①挖比根缽大的深洞。
②屬於黏土質的不良土壤時需要使用客土。
③埋入約7～8分，然後充分澆水。
④澆水後，用圓木棒戳一戳。
⑤前後左右搖晃樹木，讓根缽和土壤密合。

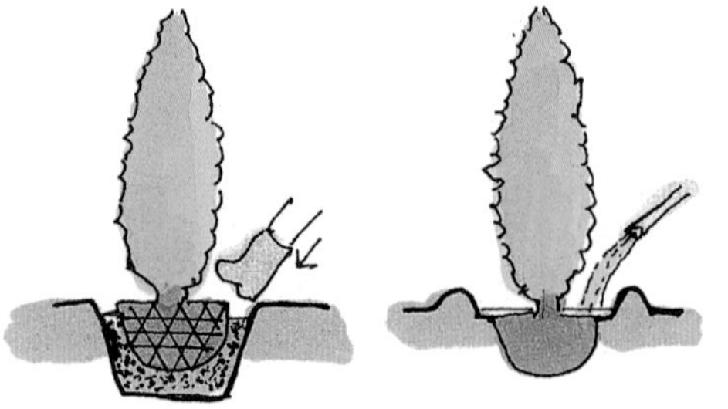
⑥水退後，再次覆蓋土壤，用腳踏實。
⑦在根部周圍堆土，製造水缽。

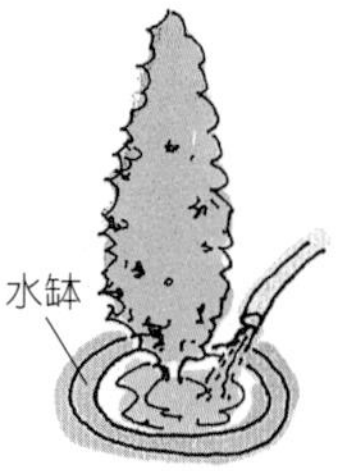
水缽
⑧在水缽中澆水，結束栽種作業。

圖⑩　栽種的深度

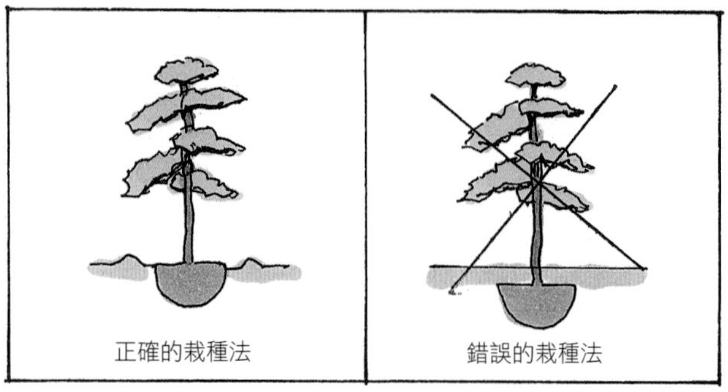
正確的栽種法
錯誤的栽種法

樹木若栽種太深，會發生二層根狀態，削弱發育能力。

●施肥

肥料依據施予時期分為寒肥、謝肥、長芽肥、油粕、骨粉、雞糞、配方肥料、堆肥等。但請以不直接接觸到根部的方式施肥。

●防寒

防寒需要準備稻草或草席來捲包樹幹。低木類是用稻草圍住防範雪害。另有稱為雪吊、稻草籠等既實用又能增添冬季風情的用品。把實用品當作一種裝飾品，為庭園增添趣味性的那份細心，正是美感的表徵。

●消毒

庭木想要健康發育成長，就必須防範眾多害蟲的侵害。害蟲會食害葉、莖、根，或者吸取樹液為生。

葉片被侵蝕時……

庭木是靠葉片進行光合作用，製造養分、發育長大。所以缺乏葉片，芽就會掉落，隔年的花或葉即會減少，嚴重時，甚至會因營養不足而枯萎。

害蟲的種類多半是蛾類。其幼蟲、成蟲是吃葉片和幼芽成長。故最有效果的方法是趁幼蟲期間，把藥劑直接噴灑在害蟲體表。

藥劑可到ＤＩＹ用品店購買，分數次噴灑馬拉松乳劑、殺螟松乳劑的１０００倍溶液。

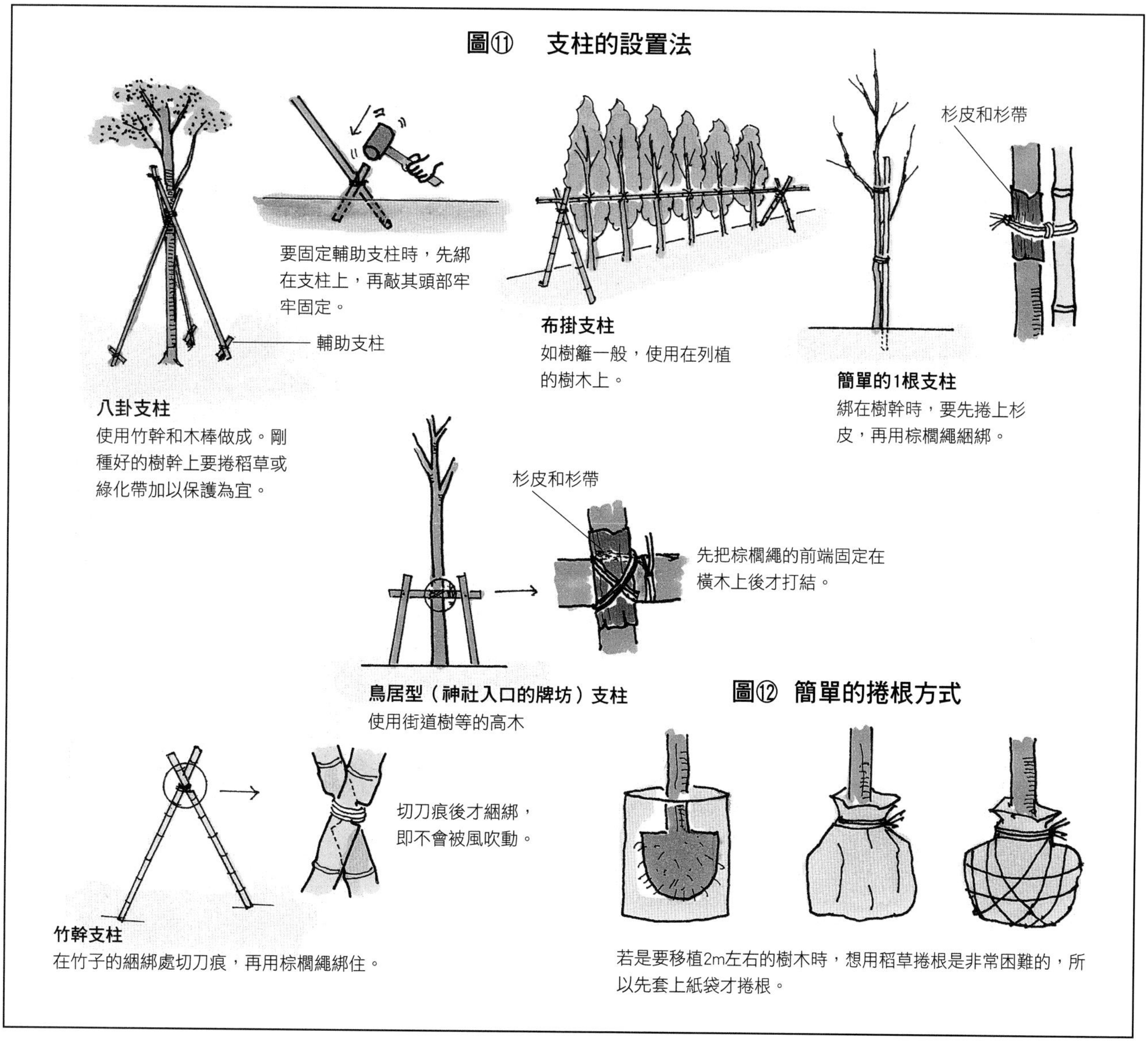

圖⑪　支柱的設置法
要固定輔助支柱時，先綁在支柱上，再敲其頭部牢牢固定。
輔助支柱
八卦支柱
使用竹幹和木棒做成。剛種好的樹幹上要捲稻草或綠化帶加以保護為宜。
布掛支柱
如樹籬一般，使用在列植的樹木上。
杉皮和杉帶
簡單的1根支柱
綁在樹幹時，要先捲上杉皮，再用棕櫚繩綑綁。
杉皮和杉帶
先把棕櫚繩的前端固定在橫木上後才打結。
鳥居型（神社入口的牌坊）支柱
使用街道樹等的高木
切刀痕後才綑綁，即不會被風吹動。
竹幹支柱
在竹子的綑綁處切刀痕，再用棕櫚繩綁住。
圖⑫　簡單的捲根方式
若是要移植2m左右的樹木時，想用稻草捲根是非常困難的，所以先套上紙袋才捲根。

樹液被吸取時……

這類的害蟲是用管狀的口部刺入樹木的葉片、樹枝，吸取樹液。樹木的細胞液被吸光後，細胞就會枯萎。

代表性的害蟲有介殼蟲、蚜蟲、紅蜘蛛、網蝽。這些害蟲多半會加害一般的庭木。

受到介殼蟲侵害時，葉片會如卡到煤渣一般變黑。成蟲後，會有硬殼覆蓋，此際噴灑藥劑也無效。故要趁剛從卵孵化的幼蟲期噴灑，大約在５～７月實施。噴灑殺螟松乳劑、艾爾桑乳劑、尼索爾乳劑等的１０００倍溶液。

容易受到介殼蟲侵害的樹木有金縷梅、馬刀葉櫧、山桃、馬目、粗櫧、柃木、茶梅、厚皮香、正木等。為能有效消毒，別等發生後才進行，冬季即該有預防意識，於１～２月期間噴灑石灰硫磺合劑。

蚜蟲不僅食害新芽、嫩芽、新梢，也會如介殼蟲般併發煤病。藥劑噴灑馬拉松乳劑、殺螟松乳劑、艾爾桑乳劑的１０００倍溶液。

容易受到蚜蟲侵害的樹木有松樹類、百日紅、珊瑚木、海桐、玫瑰、青楓、光葉石楠、小枹等。

網蝽會寄生在葉背，表面形成如髒污狀的黃白色斑點。翻到葉背若發現附著許多蟲糞，就要馬上消毒。

容易受到網蝽侵害的庭木有五月杜鵑、杜鵑、八仙、馬醉木、草木瓜等。藥劑是在５月之後的發生時期，靠近葉背噴灑殺螟松乳劑、艾爾桑乳劑的１０００倍溶液。

寄生在葉背的粉蝨、紅蜘蛛類，也和其他害蟲一樣，會吸取樹液危害樹木。容易受害的樹木有五月杜鵑、山茶、柃木、楊桐、櫻樹、梅樹、龍柏、松樹類等。預防要在發生前的冬季期間噴灑石灰硫磺合劑才有效。

■庭木的維護

所謂的維護分為剪定和整姿。庭木各有其樹形，想經常保持美麗，或恢復原來的形狀，或為了順利發育，都必須定期修剪樹幹和枝椏。同時透過剪定，還能促進通風，獲得充足的日照，預防病蟲害。

栽種在庭園的樹木，整形時必須顧及和其他庭木保持協調和發育，所以剪定若會給庭木帶來負擔，則要避免。

●花木類的剪定

剪定花木類時要注意的點，是避免剪掉即將長出隔年花芽的枝幹。花芽的長法有2種類。

①在今年的枝幹上長花芽，今年開花

這種樹木要在長出隔年花芽的秋天之前進行剪定。例如百日紅、忍冬、木樨、玫瑰、石榴等。

②在今年的枝幹上長花芽，越冬隔年春天開花

這種樹木要在花期結束後馬上剪定。包括櫻樹、梅樹、山茶、杜鵑、五月杜鵑、辛夷、海棠、木蘭。

■一年12個月的庭木維護

●12月～隔年2月

整姿＝落葉樹已經落葉，故有剪掉多餘的樹枝。剪除徒長枝、糾纏枝、逆行枝，整理形狀。

施肥＝在根部周圍施予寒肥。

消毒＝在寒冷時期，用石灰硫磺合劑的50倍溶液噴灑庭木。

保護＝雪多的地方，在松樹等裝置雪吊。而鐵樹、芭蕉等怕寒的樹木則要防霜。苔、紫金牛等的下草是鋪松葉保護。

●3～5月

整姿＝雜木的剪枝要在3月中完成。草木瓜、海棠、五月杜鵑、杜鵑等花木類，在花期結束的4月、5月要進行摘花和剪枝，讓樹勢得以恢復。松柏也要在此時期摘芽。樹籬的修補也在這時期進行最理想。

消毒＝氣溫逐漸上升，害蟲開始要出現了。故要用心進行消毒。

施肥＝給予謝肥。以感謝開花的意味，請施予油粕、雞糞或配方肥料。若不如此，隔年的花將變少。

●6～8月

整姿＝6月是新葉最美的時期，應該終止花木的剪枝作業。也是開始長出花芽的季節，所以要結束五月杜鵑、杜鵑類的剪定。7月、8月要注意乾燥，別忽略澆水。但避免在白天澆水。因為水滴會猶如透鏡一般灼傷葉片。請在傍晚充分澆水吧！同時，紗欏（夏椿）等皮薄的樹木，表皮容易曬傷，請用草席或稻草捲住樹幹為宜。

消毒＝6月是害蟲猖獗的月份。容易發生美洲白燈蛾、蚜蟲、毛毛蟲。7月則容易出現網蝽、介殼蟲，務必驅除。

施肥＝不需要。

●9～11月

整姿＝是疏枝或整姿的最佳時期。在寒冷時期剪短會衰弱的常綠樹籬，就趁這時期修剪吧！

消毒＝11月為了驅除松樹的毛毛蟲，要在樹幹上捲草席。也是結草蟲活躍的時期。

●請參考183頁的「庭園用樹木一覽表」

背後栽種常綠高木，從通道周圍分佈在整個庭園的樹木有柳杉、紅葉、青楓和赤楊等。（設計/三橋一夫）

以樹木為主的庭園

起居室的前庭。延段是從室內延續出來。使用青栲、粗櫧、四照花、小枹、杜鵑類等加以統合。（設計/三橋一夫）

庭園中，景和景之間栽種針葉樹。走過這裡，新的庭園就在眼前展開。

穿過四照花的樹幹，可看到庭園景觀之一的蹲踞。在靠近鄰地的旁邊列植青栲加以掩飾。（設計/三橋一夫）

背景栽種高木當作重點，屋簷附近使用挺直的樹來變化景色。（設計/山橋一夫）

通道旁栽種小枹、四照花、紅葉、青皮等，營造猶如在山路散步的氣氛。
（設計/三橋一夫）

採用「透視」技法來實現有深度的庭園。亦即使用穿過挺直的雜木樹幹可觀賞到對面風景的技巧。
（設計/三橋一夫）

藉由庭園區隔般，把情緒集中表現在這個地方。規模雖小，但卻是個漂亮的庭園。（設計/三橋一夫）

用板牆當作背景，切石作造型處理。石塊和石塊之間配置植栽，營造整體的平衡感。
（設計/三橋一夫）

堆土讓地形產生變化。利用既存的樹木搭配遠景的山丘和庭石所形成的庭園。延段是重點。
（設計/三橋一夫）

草坪庭園的建造法

一大片綠油油的草坪、彩色繽紛的美麗花草和朝氣蓬勃的綠色植栽，除了能讓一天的活動獲得舒適的休息外，也能為明天帶來希望和活力。故在建造庭園時，人們不僅要求獲得寧靜，同時也希望心胸獲得開朗。為此，不少人夢寐以求在自家的庭園中，即使無法太多，也要擁有一片綠意。

草坪不僅外觀漂亮，造價也便宜。實用上，可期待防止傾斜面（法面）的土壤流失，以及如下的效用。

①防塵─防止庭土被風吹走。
②可預防結霜或下雨時，庭園泥濘不堪。
③可防止直射日光的反射，孩子光腳遊戲時可提供柔軟的地面。
④能擴大生活的空間。擺放桌椅，當作戶外房間使用。

草坪雖有西洋庭園的印象，但日本自古就在使用。只是，過去日本人喜歡的不是如何寬闊的草坪，而是配置石組、樹木營造一個恬靜、優雅的世界，追求精神上寧靜的庭園。至於現今模樣的草坪庭園，是明治時代以後才演變而成的。這種取代過去觀賞本位的日式庭園，成為逐漸普及的擴大生活用的草坪庭園，自從隨著引進的西洋文化而成型後，未來必將越來越盛行。

■如何建造草坪庭園

比起日式庭園，草坪庭園經濟許多。建造草坪庭園時，在設計上該有哪些想法呢？

若是開放式的寬闊草坪庭園，因除了草坪外其他什麼都沒有，故會顯得單調、乏味。這時需要在草坪中堆土改變地形，再利用景石、植栽、結構物等當作設計重點。但在決定設計之前，務必把日後的管理納入考慮為要。

草坪最需要的是日照。其次是排水。若無法滿足這2點，就難以期待擁有美麗的草坪庭園。故設計時，請注意這點。日陰部分，可鋪礫石、貼磁磚或石磚等來當作設計的構成要素，千萬別勉強鋪草皮。

■如何有效地美化草坪庭園

●設置花壇

和草坪庭園的組合，最常見的是花壇。四季分明的花卉在一片綠意中，形成漂亮的顏色對比，呈現優美的觀賞效果。但花壇要配置在庭園中的哪裡，款式如何卻需要技巧。而且別成為只是栽種花草的空間，也要在高低、素材、造型上琢磨，做出設計感。

●使用園藝裝飾物

前面說過草坪庭園可期待成為延伸的生活空間。所以可擺放桌椅，點綴各種裝飾品，即能有效營造氣氛。另外配合季節更換盆栽或花槽中的花草，也能增添趣味性。

●設置照明

在草坪中團聚，尤其是夏天夜晚的聚會，照明當然不可或缺。而且想從室內眺望室外也需要照明。但是別加以固定，選擇可以移動的種類較理想。

■草的種類和性質（表①、表②）

有關這點，相信每本指南書都有詳細介紹。而本書是針對一般家庭實際會使用的種類來作說明。

草的種類大致分為「日本草」和「西洋草」。

日本草　是在日本的風土、高溫多濕下成長的草，個性強，耐滾壓、修剪，但若無充分日照即會發育不良。冬季會枯萎，別名「夏草」。廣泛利用在住宅庭園上。

西洋草　和冬天會枯萎的日本草相反，冬季依舊翠綠的西洋草，別名「冬草」。使用在高爾夫球場的果嶺等。成長條件適合涼快、乾燥的場所，故在日本風土下容易發生疾病。若平常不注意管理的話，即無法發揮西洋草天生的優點。通常不使用在住宅庭園上。

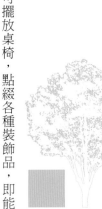

圖①　草皮的鋪法

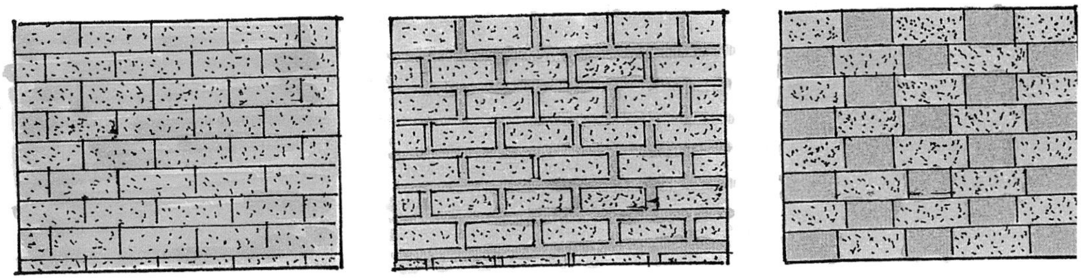

密鋪法
適合住宅庭園

間鋪法
適合住宅庭園。

交錯鋪法
適合公園等。

■草皮的鋪法（圖①）

密鋪法　把草皮和草皮毫無縫隙地鋪滿一整面的方法。能迅速完成草坪庭園。

間鋪法　草皮和草皮之間固定保留約1～5cm的間距加以鋪貼的方法。一般以約1cm間距居多，故其效果和密鋪法幾乎相同。

交錯鋪法、棋盤鋪法、條鋪法　間距擴大，一片片互相交錯鋪貼的稱為「交錯鋪法」。如棋盤般拼排的鋪法稱為「棋盤鋪法」。以適當間距排成條列狀的鋪法稱為「條鋪法」。但這類鋪法一般家庭都不使用。

表①　日本草的種類和性質

種類	性質和用途
野　草	日本產的草，野生於日本東北、中國、九州地區。雖然不適合庭園，但由於耐低溫，可使用在寒冷地區。且不怕病蟲害，管理也簡單。
韓國草 姬韓國草	日本常用的代表性草種。耐低溫，可建造美麗的草坪。但要經常修剪，並注意管理。非常適合住宅庭園。
絲絨草	葉小，雖可完成緊密美麗的草坪，但生性比其他草種弱，成長也慢，且不容易繁殖。雖然日陰下也可成長，但管理困難。

表②　西洋草的種類和性質

	種類	性質和用途
冬型＝冬季不枯萎	糠穗草(=bentgrass，Colonial種、creeping種)	在北海道、北陸、關東北部、中部山岳地方等也能發育良好。但有種子發芽和初期發育慢的缺點。這種草可以建造美麗的草坪，也常用在高爾夫球場的果嶺上。喜歡涼爽的地區。
	肯德基藍草	常綠的多年生草。生性強健，耐踐踏也耐修剪，又不怕酷熱。但發芽慢，完成需要耗費時間。通常使用在公園、運動公園、高爾夫球場等。
夏型＝冬季會枯萎	百慕達草	生性強，成長快速。耐踐踏，富有耐暑性，但怕日照不足。適合公園、運動場。
	蒂夫頓(tifton)類	這是百慕達草和其他種草交配而成的優良草種。生性強，耐踐踏，也耐修剪，成長快。同時不易生病，可建造健康美麗的草坪。適合學校、運動公園和庭園。

●使用實況

一般而言，日本較常用的是韓國草和姬韓國草。市售的西洋草是要從種子培育起，但其種子的發芽率卻不理想，而且往往摻雜雜物，因此若想建造漂亮的草坪，將需要技巧和時間，故不適合一般家庭。不過，北海道地區可使用肯德基藍草。

圖② 暗渠排水

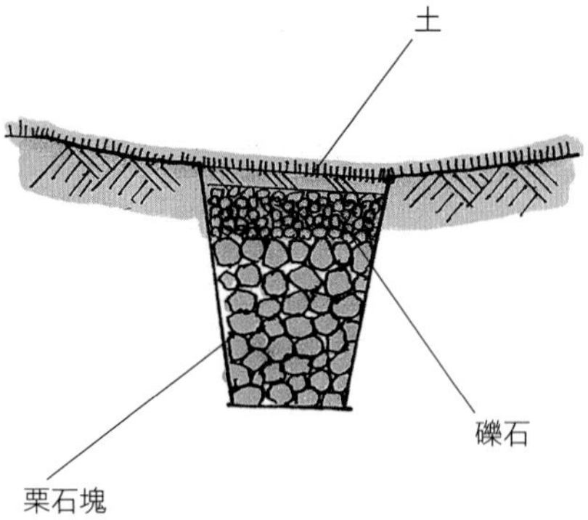

無排水設施的場所，在庭園挖洞，放入栗石塊，讓水滲入土中即可。

■適合鋪草皮的庭園

鋪草皮之前，必須符合下面幾個基本條件。

①日照良好

午前能多接觸直射日光的場所最好，若晚上也有露水的話，那麼任何土質都能發育。連酸性土都沒問題。

②通風良好

為讓土壤保持乾燥，通風良好是必要條件。

③排水良好

在排水良好的場所設置不會形成水窪的排水坡道。

■鋪草皮的實況（圖③）

符合以上條件後，接著請實際觀察自己的庭園，是否有「雜草」繁茂的情形呢？

①整理基地

首先拔掉雜草，挖起土壤，去除土中的根或種子。若面積廣大，可使用耕土機等的機械挖掘，去除根。以專業造園師而言，這項作業是非常重要的。挖掘後直接擱置4～5天，讓日光、風雨驅除土中的病原菌和害蟲的卵。

4～5天後再整地。整地的同時，最好也施予土壤改良劑、肥料、除草劑等。土壤改良劑有促進透氣、排水的作用。

決定排水方式後，用耙子耙平。邊去除土塊，邊避免凹凸般整平。因這項作業對鋪草皮相當關鍵，故請多花些時間，仔細進行。

完成整地後，就可開始鋪草皮了。鋪法有許多種，但住宅庭園較適合密鋪法或間鋪法。

②鋪草皮

雖然只要把草皮一片一片壓入配置即可，但要如何鋪得美觀呢？現在就來聽聽專家的說法。

第一要拉水線。專家在觀察水平狀態時，是

圖③ 鋪草皮的程序

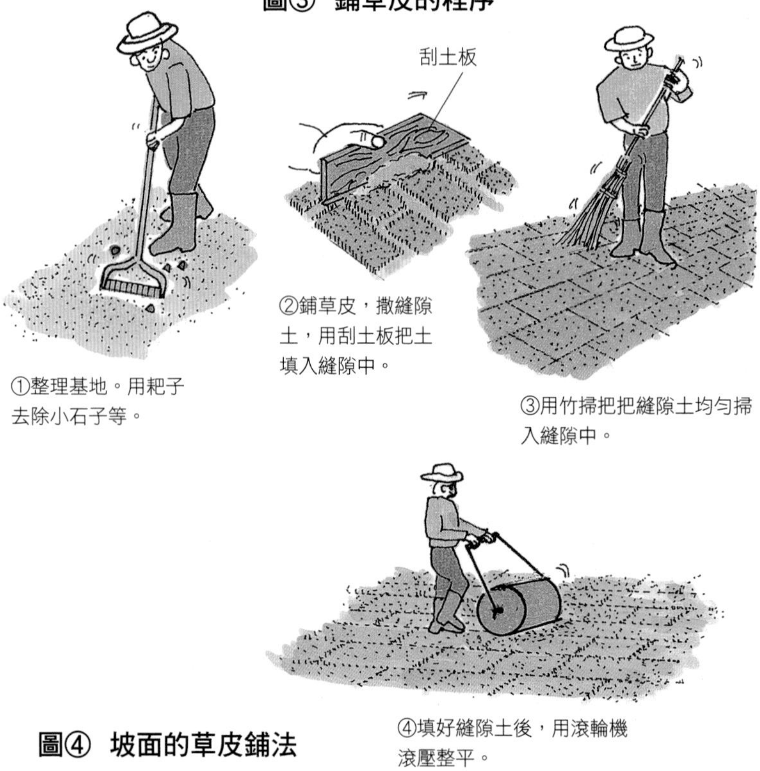

①整理基地。用耙子去除小石子等。

②鋪草皮，撒縫隙土，用刮土板把土填入縫隙中。

③用竹掃把把縫隙土均勻掃入縫隙中。

④填好縫隙土後，用滾輪機滾壓整平。

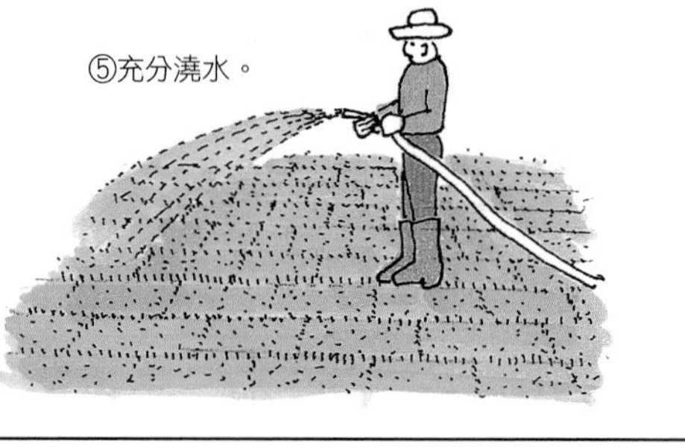

⑤充分澆水。

圖④ 坡面的草皮鋪法

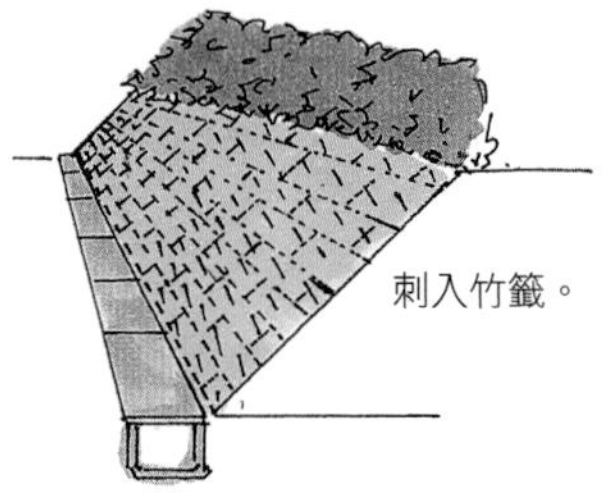

刺入竹籤。

以拉水線為基準。當草皮完全緊密連接時，草皮和草皮之間即會沒有間隙，這條水線也會消失。不過想鋪得美觀，必須拉水線並正確沿著該線作業為要。也因此，專家鋪好的草坪總是井然有序，好像粉飾過一般。另外，為了能加速完成漂亮的草坪庭園，草皮縫隙寬度也務必統一。

第二個要訣是邊使用「刮土板」，邊壓平手邊的草皮。雖然整體基地已經用耙子耙平，但在手能接觸到的範圍，還是要用「刮土板」仔細邊壓邊鋪。因為基地若不經過這般2次、3次的整頓，全部鋪好後仍會有高低不平的情況。原因是基地雖平整，但草皮本身的土壤掉落後就可能變成凹凸狀況，所以邊鋪草皮時也需要邊進行加土、減土的調整作業。

③填埋縫隙土

草皮鋪好後，為了填平草皮和草皮之間的縫隙，需填埋縫隙土。一般使用黑土、農田土。先大致撒一撒，再用竹掃把細心掃入縫隙中。

④滾壓

填埋縫隙土之後，若能用滾壓機滾壓最好，但一般住宅可能無法做到，故請嘗試以下的方法。

在草皮上放置幾塊三合板，2～3人從上踩踏。這樣就有不錯的滾壓效果。也可以擺放木板敲打。

⑤澆水

滾壓結束後，接著澆水。請使用像蓮蓬頭般可噴出細水柱的噴頭。若使用農田土當縫隙土時，會因含水而變成泥濘，此際從上踩踏，草皮會激烈下陷，故剛澆水後避免踩踏草皮。

■鋪草皮的時期

現在除了12月到2月期間外，其他時候隨時都可鋪草皮，不過最理想的時間是4月到6月為止。冬天會因霜柱被拉高，需要避開。在梅雨前完成鋪貼，草皮較快紮根。

■如何辨識優質草皮

以從田裡剪下3～4天內的最好。氣溫高時，若擱置太久，內部容易燜壞。故即使整束周圍看似青綠，仍要觀察內部為宜。若變成茶色，就不可使用。前往園藝店或DIY用品店購買的話，請選擇剛進貨的產品。發現有燜壞情形或者土壤附著不多時，請確認其下次進貨時間，使用新鮮草皮。

■草皮的養護和管理

●去除雜草

草坪鋪好後的1年期間是個關鍵。這時期必須勤快拔除雜草才行。雖然鋪草皮前曾經掘土，充分去除雜草的根，但難免有些殘存，何況縫隙土中或草皮本身也可能摻雜雜草的種子。使用專用的草坪除草劑也是種方法，不過面積不大的一般住宅庭園，還是用手去除較確實又較快。庭園造景時，若只單純地想鋪草坪，但卻忽略日後的養護，那麼將無法期待擁有美麗的草坪。

●修剪

養護中最重要的作業是修剪。修草機分手推式和電動式兩種。以約15～20坪的庭園來說，建議使用電動式。因為草坪需要勤快修剪，所以盡量選擇作業輕鬆的方法。對外行人而言，手推式修草機因有調節齒輪高度和研磨等的困難點，故多半被擺放在儲藏室不用。

草高4～5cm時請開始修剪。太高時不僅難以修剪，剪後留存的草也會看似枯萎狀。至於剪下的葉片，要當場收拾。若放在草坪上置之不理，將導致草枯萎。

●施肥

一年請施肥約4～5次。目前已有草坪專用的粒狀肥料。只要直接撒在草坪上即可，但重點在於撒得均勻。使用竹掃把掃一掃來調整密度也是一種方法。

●縫隙土

鋪好草坪的約半年到1年期間，縫隙間的土會乾燥，或被風吹走變少，所以為使草均勻茂盛，必須補充縫隙土。但覆蓋太厚會燜壞，適當厚度約1cm。縫隙土的目的是用來保持讓草繁茂的溫度、濕度。同時也有調整草凹凸不平的作用。因此，至少每年一次，在春天把縫隙土混合在肥料中覆蓋。

縫隙土要使用山砂或者市售的袋裝縫隙土。如果隨便使用土壤，可能導致一年辛苦養護的草坪中含有雜菌或雜草的種子。而且填土後，也要鋪板滾壓。

●澆水（圖⑤）

在草成長最旺盛的5～8月要非常注意澆水。澆水是件繁瑣的工作，請依據下列要領進行。夏天要避開中午，只在早、晚以霧狀水柱的噴頭撒水。但別一次澆太多水，需要少量多次地花些時間進行。

使用移動式灑水器也是方法之一，若今後才要建造庭園的話，則建議設置灑水器的配管。費用並不多。因為庭園廣大時，只是植木和草坪的澆水作業就相當勞累，故把該設施納入計畫中為宜。若能加裝定時器和自動閥就更完善。

●透氣（圖⑥）

草坪經過長時間的踐踏，土壤會硬化。如此一來，水和氧氣都無法補給到草的根部，導致根無法充分成長，因此需要打洞。亦即在土中打洞，促進透氣，同時也能改善通水性。至於打洞的時機並無特別規定。工具有市售品。

以施工者立場來看

●留存一些縫隙土

縫隙土在填埋之後，會因 乾燥、被風吹走而減少，所以保留一些縫隙土在庭院角落備用。發現縫隙土逐漸減少時，就自行撒在草上，再用竹掃把把填入縫隙即可。

圖⑤用灑水器澆水

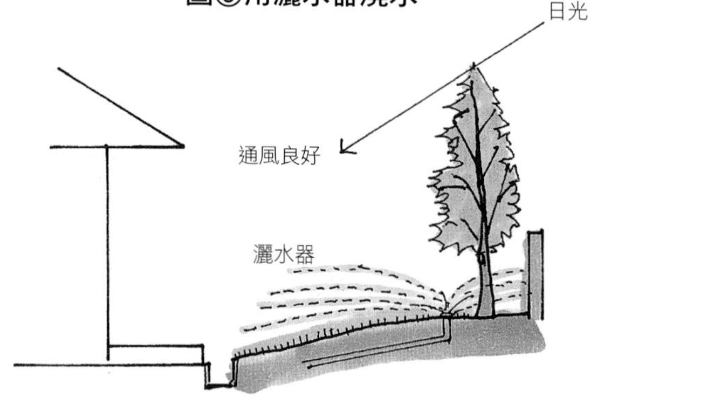

圖⑥為了透氣、通水需要打洞

草坪經過長時間的踐踏，土壤會變硬，導致水和氧氣無法補給到根部。故為了防範需要打洞。

表③ 草坪的害蟲

害蟲	症狀和藥劑
斜紋夜蛾	會吃草皮的莖、根。以幼蟲狀態越冬，在7～8月和10月出現。 藥劑＝殺螟松、大利松
芝苞蛾	從5月初開始出現，到8月中旬最多。被食害的部位會變成茶褐色，也有經過一晚莖部就全被吃光的例子。 藥劑＝殺螟松、大利松。

表④ 草坪的疾病

要診斷草坪的病症非常困難，但大概的辨識法和可使用的藥劑如下表所示。

病症	症狀和藥劑
春禿病	多半在10月～隔年4月發生於韓國草上。因為到了春天會形成補塊狀的光禿情形才如此取名。溫度上昇後即可康復。 藥劑＝達可尼爾、多普琴M等。
赤燒病	多半在梅雨期間發生在糠穗草上。病蟲害的葉子會變成紅褐色，所以如此取名。 藥劑＝翁賽特、秋拉姆
鏽病	發生在春秋季節。因草會變成鏽色才取名鏽病。原因是日照不良或施予氮肥所致。 藥劑＝泰仙、石灰硫磺合劑。
褐斑病	在夏季高溫、多濕的季節發生於西洋草上。需要噴灑藥劑、澆水和促進通風。

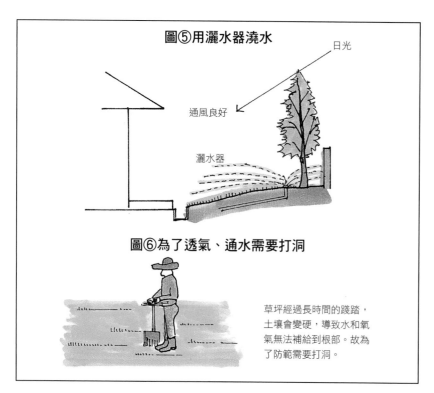

草坪的庭園

遠景有2段式的樹籬、金閣寺籬、木曾石砌和流水。近景有露臺、延段等有趣的構成要素，有效把草坪空間變得舒暢起來。

巧妙設計的草坪廣場非常清幽。走在園路上會有豁然開朗的感覺。

展現明亮寬闊的草坪庭園，和日式的建物相當協調。流水和雜木林是其重點。

把被高木環繞的空間當作生活的一部份來使用。至於如何在生活中活用草坪庭園就請個人發揮創意了。

草坪空間和雜木、花草搭配得宜，成為四季都賞心悅目的庭園。

聰明應用花缽和盆栽，可以想像庭園的日後發展將更加有趣。

靈活運用有限的空間，打造一個可聽到孩子開朗笑聲的快樂草坪庭園。

竹、箬竹庭園的建造法

竹和箬竹都是日本自古就非常愛用的植物。現在認為庭園中必然要有松、竹、梅的人依舊不少。故竹或箬竹都是構成庭園不可或缺的材料。

■日照不良的場所也可使用

建造庭園時，至少會有一處日照不良的場所，例如裡庭、坪庭、通道等。而竹、箬竹剛好是適合處理這類場所的素材之一。只是要由建物的造型來決定，請注意。

不過，認為竹僅限用在日式建物上的先入為主觀念也務必打破。因為竹子擁有的線條美，其實和混凝土、磁磚、石塊等也不難取得協調。重要的是必須顛覆固有概念，實際應用看看！

■竹和箬竹有何差異

竹和箬竹都屬於禾本科的植物，樹形和葉形也很相似，難以明確區別。大致來說，箬竹一般比竹子嬌小。另外，利用其莖的是竹，利用其葉的是箬竹。

植物學上的辨識法是竹子的皮會隨著竹子成長而剝落，而箬竹的皮在成長期間會留存不剝落。

在此要注意的是有些以竹取名卻是箬竹類，或者以箬竹取名卻是竹類的問題。例如，山竹（雌竹）和箭竹看似竹類，但其表皮卻一直附著不剝落，故應屬於箬竹類。而五葉箬竹（別稱神樂箬竹）看似箬竹，但其表皮卻會快速剝落，故應屬小型的竹類。

■竹、箬竹的種類和使用場所（表①）

竹和箬竹的種類繁多，然而當作造園材料使用的一般種類，如表①所示。

竹和箬竹依據其形狀不同，其栽植場所有所限定。以下就來敘述主要的竹和箬竹使用法。

孟宗竹＝使用在有通道的庭園或主庭。使用法是數棵合植形成竹林。

方竹（四角竹）＝常保綠色，會對應各季節變化。姿形優雅，又不怕病蟲害，故受到珍愛。常使用在玄關周圍、屋前、手水缽周圍等。

箭竹＝竹幹修長，葉片繁茂，相當有風情，故是使用在燈籠、蹲踞周圍，或當景石的背景等的優質素材。

業平竹（大名竹）＝是稱為大名竹的種類中最常被使用的一種。被認為適合庭園的任何一處，尤其是屋前、燈籠周圍、玄關周圍等。密植可當遮掩竹籬。

五葉箬竹（神樂箬竹）＝東京小石川後樂園的小廬山就是以生產五葉箬竹的代表地區而聞名。和其他箬竹類不同，型態高大，葉形也美。

箬竹展現的風味和花木等植栽不同。無論當日式通道的下草，或者密植成群落狀，都能營造出獨特氣氛。

山白箬竹、稚子箬竹＝多半用來固根或者配置在樹林中。

■竹、箬竹的栽植方式

竹在園藝界有所謂「竹非用土栽種，而是用水栽種」的說法，誠如所說「用水栽種」，種植竹子時，覆蓋少量土後，就要給予大量的水。

等水被吸收後，再次覆土，然後又澆水。竹子被認為困難栽種，外行人多半會失敗的原因，就是栽種時給水太少所致。必須澆到溢滿出來的十足程度才夠。

另外，栽種不久有些竹會枯萎，此際別馬上把枯萎的竹拔掉，請切掉上方的竹，保留根部。因為隔年會長出竹筍。

竹是以根捲的狀態出售。大名竹多半是2～3株為一束。而且考慮整體平衡下，以一定程度間距把2～3株合植一起。

孟宗竹則要邊觀察竹幹的曲度邊栽種。若全

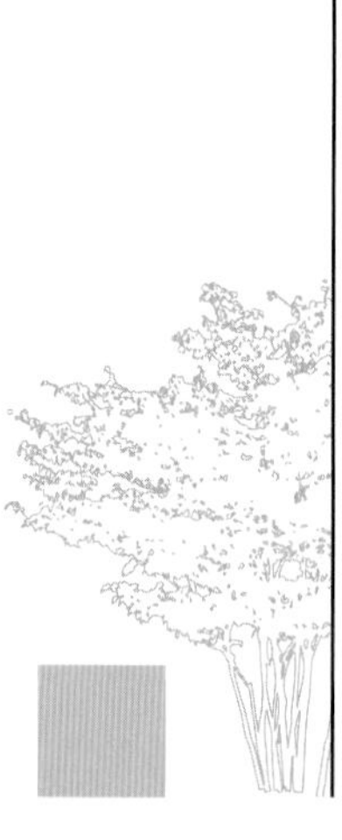

部倒向同一側會不自然。故其中幾株同方向，其他如切斷其線般倒向反側。

有關配置情況，請觀看竹林感受看看！

●竹子會新舊交替

無論多麼高明地栽種，要呈現竹林的自然感還是相當困難。因每年都會自然發出竹筍，長成新竹。故要切掉舊竹才能保持自然竹林的氣氛。那麼約7年之後就完全更換成新竹。

●別忘記切根

建造竹庭最重要的是要避免竹根延伸到其他用地中，所以要在40～50cm深的位置，埋入防止走根的混凝土板、瓦或塑膠板等。否則萬一在特別設計的鋪礫石或草坪的庭園中，突然冒出多餘的植物就麻煩了。

●日照過度時

竹子若栽種在日照過度的場所，會導致桿的青色變色。

為此，栽種時要先選場所。多少有些日照不良的地點才是「竹林」喜歡的場所。

●栽種時期

栽種時期，除了竹筍成長期間外，其他時候均可。其中以11月最佳。

■適合竹林的下草

在裡庭設置孟宗竹林，到牆邊為止少量地盛土鋪苔，以稱為「霰覆（圓石和切石混合的通道）」的通道來營造風情時，竹子的下方最適合栽種蝴蝶花、石菖蒲和蕨類等。

此外，常當作竹庭下草的植物還有硃砂根、紫金牛、百兩金、富貴草、蝦脊蘭、雁足等。

請避免搭配花木植栽。

■竹的養護

竹的養護關鍵是別喪失竹子特有的柔軟枝尖。因此，無須剪定或整姿，只要剪掉老葉的程度即可。葉片太多時，以顧及不破壞風情的情況下進行修剪。

肥料使用腐化的老葉鋪在根部即可。

表①　竹、箬竹的種類和使用場所

竹、箬竹名	特　徵	用途
寒山竹	高3～5m。枝葉都直立，朝上。耐寒，一般是叢生。	合植在西洋庭園、中庭
紫竹	高2～3m。枝葉細，耐修剪。喜歡暖地、肥沃地。	合植、樹籬、邊飾
金明竹	高5～8m。稈黃色有綠色條紋。葉有白色縱紋，十分美麗。	合植在門或玄關旁
烏竹	高3～5m。稈第一年是綠色，第二年轉變成黑紫色。	合植在玄關旁、中庭。
方竹	高3～7m。稈是暗綠色，成為四角形，姿形美麗。	合植在玄關旁、坪庭
業平竹	高4～6m。又稱為大名竹。姿態修長優雅。	列植在玄關旁、露地
鳳尾竹	高5～6m。新竹長在外側，猶如保護舊竹般形成密生。	大庭院的邊界、樹籬
人面竹	高3～5m。稈下部的節間變窄，根際粗大。	大庭院、築山的植栽
苦竹	高5～10m。稈較粗（徑5～15cm），節和節的間隔較長。	合植、群植在大庭院
孟宗竹	高5～10m。稈較粗（徑15～20cm），小枝密生。	合植、群植在大庭院
箭竹	高2～5m。稈直立、叢生。古代用來造箭。	燈籠或蹲踞周圍、露地
五葉箬竹	高30～80cm。別稱神樂箬竹。屬於小型竹，密集成為群落狀。	池畔、傾斜面的地背、固根
山白竹	高30～80cm。葉是長橢圓形，冬季邊緣會枯萎變白。	傾斜面的地背、庭石的固根
柳葉箬竹	高10～30cm。成群成長在水邊濕地。	局部效果、石附

竹、箬竹的庭園

以潺潺的水流聲和竹林為主景，絲毫不帶人工感。而且流水和下草的風情也極為自然。

孟宗竹的庭園。和雜木林的接點該如何處理呢？可用紅葉來演出自然山景！

當作固根的下草來穩定植木。山白竹無論如何配置，都能營造野趣風景。

竹子很適合配置在坪庭般的狹窄空間。業平竹靠栽種方式也能搭配西洋庭院。

小山白竹有效展現柔美氣氛。為了保持美麗的低矮長度，需要勤快剪定和消毒。

把通道設置成山路般的風情，這是使用大量的箬竹所製造的效果。

靠竹子的栽種方式和蹲踞的用水場形成的小溪相當有品味，可看出作者卓越的感性。

苔庭園的建造法

建造庭園時，為了統合風景，穩定土壤，地被植物擔任重大的角色。

京都的庭園會那麼優美，多半是仰賴地被植物（尤其是苔）所致。造園師最大的苦心在於如何巧妙使用地被植物或下草。由於庭園地面的處理相當重要，因此地被植物可說是能論述成一本書般的重大研究課題。

在此只想說明地被植物中的代表，也是對日本庭園有相當影響力的「苔」。苔特有的綠色，能美化庭園，以及給人祥和感。

把苔當作庭園的地被植物使用，是日本獨特的風格。主要是因關西、山陰、東北地區具有苔成長的優越條件，故自古以來把苔納入庭園設計的例子不勝枚舉。

■苔的種類

據說苔的種類在日本就約有２０００種，但我們使用在庭園的苔並不多。代表性的如下。

土馬鬃、忍苔、灰苔、白髮鮮苔、筆苔、笠苔、檜苔、長柄砂苔、高野萬年草、鵝觀苔、砂苔等。

■建造苔庭困難嗎？

認為建造、管理苔庭非常困難的人不少，其實無論哪裡都能培育苔，只要滿足日照、濕度、通風、土壤等條件，就能做到。

■苔靠什麼成長──苔的培育

①日照　苔靠空氣中的濕度成長，並不需要土壤。日照只要有午前日光就足夠。苔討厭直射日光，而且也要避免午後的強烈日照。

因此建造苔庭時，必須考慮避免長時間接觸直射日光為要。據說夏天有樹陰，冬天有越枝的光線即可。

②濕度　京都有傍晚下陣雨的特徵。故濕度高，適合苔的發育。若自然條件下就有充分的夜露或濕度即可，無法預期時，傍晚澆水一次。可以的話，不要使用自來水，同時請注意別給太多水。因為澆水過多，會增進病原菌的繁殖。

③通風　防範風直接吹到苔上，設置竹籬、樹籬等擋風。空氣激烈流動會奪走空氣中的濕度，形成乾燥。空氣乾燥時，苔就無法吸收成長所需的水分。

④土壤　苔要注意排水。苔是靠吸收空氣中的水分成長，故幾乎不需要土壤。但土中若會積水，則容易引發病害菌。土質以砂質土為宜。另外也有人採用混合農田土、山砂和珍珠岩，其下部再鋪礫石促進排水來防範土中過濕的方法。

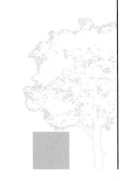

■苔庭的設計

用地要有起伏、排水良好外，也要以製造地瘤方式認真做造型。苔本身就很美，故以苔的成長為主要考量，打造幫助發育的地盤，邊注意日照、通風，邊配置植木，這就是建造美麗苔庭的必要條件。

■苔的養護

苔無須特別的肥料，只要有適度的水就能充分成長。水以雨水、井水等自然產物為佳，使用自來水的話，請曝曬太陽２～３天後才使用。苔不強健時，可施予水溶性肥料。

■苔的管理

冬天覆蓋松葉或茅草來保護。如此可防範霜柱、氣溫下降、空氣乾燥等的危害。結霜嚴重時，土壤會被推高，苔也隨之浮高。故要用繩子等把覆蓋素材固定在地面，避免被推高。而且這些作業，除了具備實際保護的作用外，也為冬季的日式庭園增添另番風情和景緻。例如松葉並非隨意覆蓋，而是先少量紮成一束，再發揮美感以互相交錯等方式來擺放，這種稱為「化妝」的日式庭園傳統，呈現的纖細唯美意識令人感動。

苔的庭園

設計在雪國屋簷內附近的蹲踞（石製洗手盆）。可以感受到手水缽、燈籠、植栽和苔等等是那麼協調地融合在一起。
（設計/岩谷浩三）

這是用柳杉、小枹、紅葉、土馬騌和下草類所統合的露地風庭園。鏽色礫石和苔的線條是觀賞重點。（設計/三橋一夫）

用桂籬當背景的通道周邊風景。幽雅的庭石和土馬騌、下草、豎立的雜木形成美麗的平衡。

從建物連接庭園的飛石、延段、樹籬等，以及地面圖案都表現出高明手法。

鋪貼苔的小地瘤，把粗獷的石組襯托地更吸引人。苔的綠色相當美麗。
（設計/吉河功）

山野草、下草庭園的建造法

想把「山野草」導入庭園時多半有困難，尤其是一般民眾，不是不容易購得，就是買到很陌生的種類。因此我把稱為「下草」的植物涵蓋一起來說明「以山野草、下草為主的庭園」。

現實上不易買到的種類很多，故在此只解說強健、容易購得的種類。

■山野草、下草的使用法

仔細觀察植木下方或者石頭縫隙，必然會發現任何庭園中至少會存在1株或2株的山野草或下草。使用法相當廣泛又多采多姿。例如①在石組之間、②手水缽周圍、溪流或池端的水邊、③飛石和延段邊緣、④植栽或樹木下固根用、⑤地被用等等用途。這些下草之所以是庭園構成不可或缺的材料，主要是因每種使用法都能為庭園營造不同的趣味日式風格。

庭園並不一定要栽植庭木，或鋪草皮，或配置石組。有時依據日照、土壤等條件，以下草為主，也能建造充滿風情的庭園。

重要的是我們必須瞭解這些下草的用法和性質。避免把原本生長在山裡的種類栽種在河邊，或者把河邊的種類栽種在山野等不自然的情況。

除了可當作中木、高木的下草來使用外，加以群植形成以下草為主的庭園也別有韻味。聚集某一種東西，通常會產生美感。例如砌石、鋪石等。單獨一個時或許不美，但聚集觀賞，自然會呈現整齊的美感。故把下草用來固根等，或聚集使用，都有地被的效果。

雜木林的趣味在於栽植方式融合了大自然的感覺。而這種感覺就取決於下草等的巧妙配置。

使用這類下草的優點是管理簡單，不過也需要養護。成長快，繁殖也容易。

■山野草、下草的種類（表①）

請各位走一趟自然山野，仔細觀察下草成長的場所。栽植在庭園時，若違反自然成長方式，就無法實現自然景色，也無法持久。故必須瞭解該在何處如何使用，才能欣賞到其原始

草珊瑚的紅色果實是花少的時期，用來彩妝庭園所不可或缺的元素。點綴竹籬笆，或當植栽的下草等都有不錯的效果。

的姿色。

山野草、下草的種類繁多，在此要介紹的基準是一般庭園常用又容易購得的種類。

■山野草、下草的增殖法和採集法

最近，山野草掀起一陣使用熱潮，連園藝店也販售。不過可從同好朋友那裡分得幼苗，栽種在自己的庭園。另外，為了獲得山野草而進行郊遊、採集旅行的人也增加。

到山野進行採集時要注意遵守法規。亦即絕對不可前往國家公園、公立公園或其他禁止採集地區。

同時，採集時也避免包括周圍通通連根拔起，只可採集必要的量。也請避開成株，只採幼苗為宜。因為苗容易採集，也容易存活。

採集之際要小心挖根，完全撥掉土壤。然後在塑膠袋中滴幾滴水，放入山野草，再以含入空氣的狀態用橡皮圈束緊帶回。

表① 山野草、下草的種類和使用場所

山野草、下草名	科名	特徵	用途
菖蒲	鳶尾科	成長在山野的多年草。春夏莖頂會開紫色花。	池端、用水區
井口邊草	水龍骨科	關東以西普遍的常綠多年草。多半成長在井口邊，故如此取名。	茶庭、露地庭
卷柏	卷柏科	常綠多年草。野生在岩壁或岩石上。	池畔、岩間
蝦脊蘭	蘭科	5月開紫褐色、黃色或者白色的花。	石附、植栽中
萬年青	百合科	常綠多年草。形狀挺立、端正。	石附、玄關旁、中庭
山慈姑	百合科	多年草。群生在山地。葉或花都很美。	落葉樹下
百兩金	紫金牛科	常綠小低木。夏天開白花，秋天結紅果。	缽前、固根、石附
杜衡	馬兜鈴科	芳香的常綠多年草。喜歡陰地，從晚秋到初冬開花。	茶庭、露地庭
甘草	百合科	生長在野原、小河堤等的多年草。夏天開1日花。	日照良好場所
桔梗	桔梗科	8～9月會開5瓣的吊鐘形青紫色花。是秋之七草之一。	石附、固根
吉祥草	百合科	葉片細長，前端尖，晚秋會開淡紫色小花。	池端、石附
紫萼	百合科	喜歡半日陰地，7～8月會開淡紫色、黃色或白色的花。	固根、邊飾
雁足	水龍骨科	落葉生多年草。是蕨類中葉較大種，鮮綠色，堅硬美麗。	單植在石庭、園路
蘭花雙葉草	蘭科	生於山林、竹林的多年草。適合低濕地，具有風情。	池畔、用水區
蝴蝶花	鳶尾科	常綠多年草。喜歡濕地，葉是鮮綠色，柔軟有光澤。	大庭院的陰地
秋海棠	秋海棠科	葉柄帶紅色，秋天會開美麗的粉紅色花。	石附、缽前、用水區
十二單	唇形花科	多年草。全草有白色絨毛。	石附、固根
春蘭	蘭科	常綠多年草。群植在半日陰樹木中很美。	固根、石附
白及	蘭科	葉片是長橢圓形，前端尖。5～6月會開紅紫色的美麗花朵。	玄關旁、石附
土馬騌	苔科	深綠色，莖單一不分枝，直立，密生眾多葉片。	地被
堇菜	堇菜科	春天開紫色或白色花。有令人舒適的純樸感。	石附、邊飾
石菖蒲	天南星科	成長在溪流邊的常綠多年草。全緣和前端都是尖的。暗綠色柔軟。	池端、石庭
薇	薇科	新芽捲成拳頭狀，覆蓋白色絨毛。葉的長法帶有風情。	飛石、缽前
草珊瑚	金粟蘭科	常綠小低木。樹勢強健，耐寒。冬季會結美麗紅果。	固根、石附
馬蹄金	旋花科	匍匐性的多年草。4～8月開花。當地被植物利用。	地被
玉簪	百合科	花比紫萼大型，9月的傍晚會開花，但翌日清晨就凋謝。	樹木下、用水區、缽前
兒百合	百合科	4～5月，莖前端會開白色可愛小花。群落很美。	茶庭、野草庭園
橐吾	菊科	常綠多年草。葉是深綠色有光澤。10月會開金黃色花。	玄關旁、缽前
木賊	木賊科	常綠多年草。葉是深綠色、有筋，以縱溝遊走表面。	池端、缽前
黃精	百合科	5～7月開下垂狀的綠白色花。栽植在樹下或日陰地。	茶庭、露地庭
花菖蒲	鳶尾科	6月會開紫色、白色或黃色的美麗花朵。	池端、用水區
蜘蛛抱蛋	百合科	常綠多年草。喜歡日陰地，哉植在樹下或日陰地。	地被、邊飾
風知草	禾本科	葉片細長，經常向下。夏到秋會出現綠色花穗。	茶庭、露地庭
富貴草	黃楊科	常綠多年草，4～5月在莖前端開白色或黃色花。	石庭、池端
小山菜	桔梗科	6～7月開白色或淡紅紫色的吊鐘狀花。	玄關旁、前面
油點草	百合科	從夏到秋開花，淡紫色花瓣上有暗紫色斑點的花。	樹木下、石附
硃砂根	紫金牛科	常綠小低木。葉是長橢圓形，有光澤。冬季的紅色果實很美。	缽前、固根、石附
紫金牛	紫金牛科	常綠小低木。葉是長橢圓形，有光澤。秋季的紅色果實很美。	缽前、固根、石附
兔耳傘	菊科	多年草。葉成掌狀有深裂。早春從地中探頭，嫩葉頗具風情。	石庭、缽前
虎耳草	虎耳草科	紅紫色的線狀藤蔓會長出新株。5～7月會開白色花。	石附、缽前
獐耳細辛	毛茛科	多年草。葉3尖裂，早春3月左右會開白色花。	石庭、缽前
沿階草	百合科	初夏在線狀的葉間開白色小花，冬季會結青色果實。	地被、邊飾
龍膽	龍膽科	10月會開美麗的紫色花。以秋之名草聞名。	石組之間

山野草、下草的種類

富貴草（黃楊科）

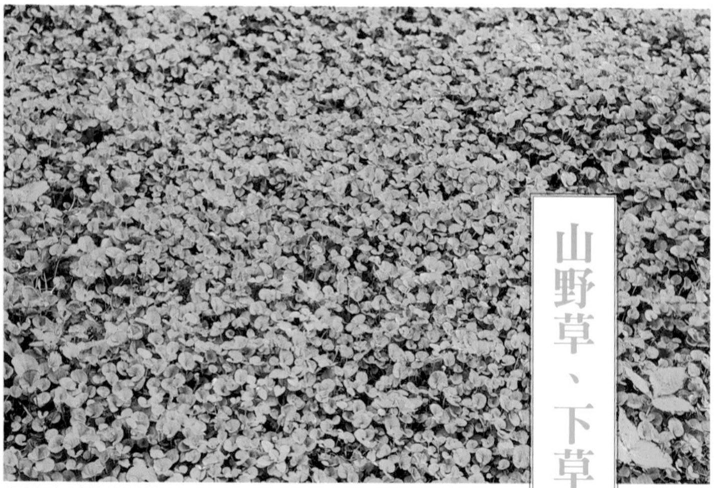
馬蹄金（旋花科）

龍膽（龍膽科）

葉蘭（百合科）

草珊瑚（水龍骨科）

油點草（百合科）

小山菜（桔梗科）

橐吾（菊科）

風知草（禾本科）

秋海棠（秋海棠科）

胭脂白及（蘭科）

菖蒲（鳶尾科）

桔梗（桔梗科）

紫萼（百合科）

木賊
（木賊科）

吉祥草（百合科）

百兩金
(紫金牛科)

花壇的建造法

委託業者建造庭園時，多半的雇主會要求擁有花壇。能在家裡擁有一個全年綻開各種花的地方，多麼令人興奮。同時期待花店推出某種花時，自己的庭園也同時綻開這種花。

以建造庭園的業者而言，當然願意滿足顧客，不過我認為也應該保留些許場所讓雇主自由發揮。因為除了眺望欣賞，相信雇主也想親身體驗播種、萌芽、開花的過程。

何況，把路邊發現的小花移植到自己的庭園培育也是一大樂趣。

■應設置在庭園的哪裡呢？

付諸實行時要先擬訂計畫。要在庭園的哪裡栽種，雖依庭園條件而異，不過以受風少、日照好的場所為首要選擇。至於要使用哪種緣邊的材料，請參照圖①。

選定種花場所後，栽植前要仔細擬訂計畫。以讓庭園持續有花，保持明亮、喜樂為目的來種花吧！為此，必須考慮什麼花會在何時開放，高度大約多少等，加以決定花壇中的栽植方式。

而且為了全年有花可欣賞，也要研究栽種時機，如何配色等。

圖①　花壇緣邊的材料

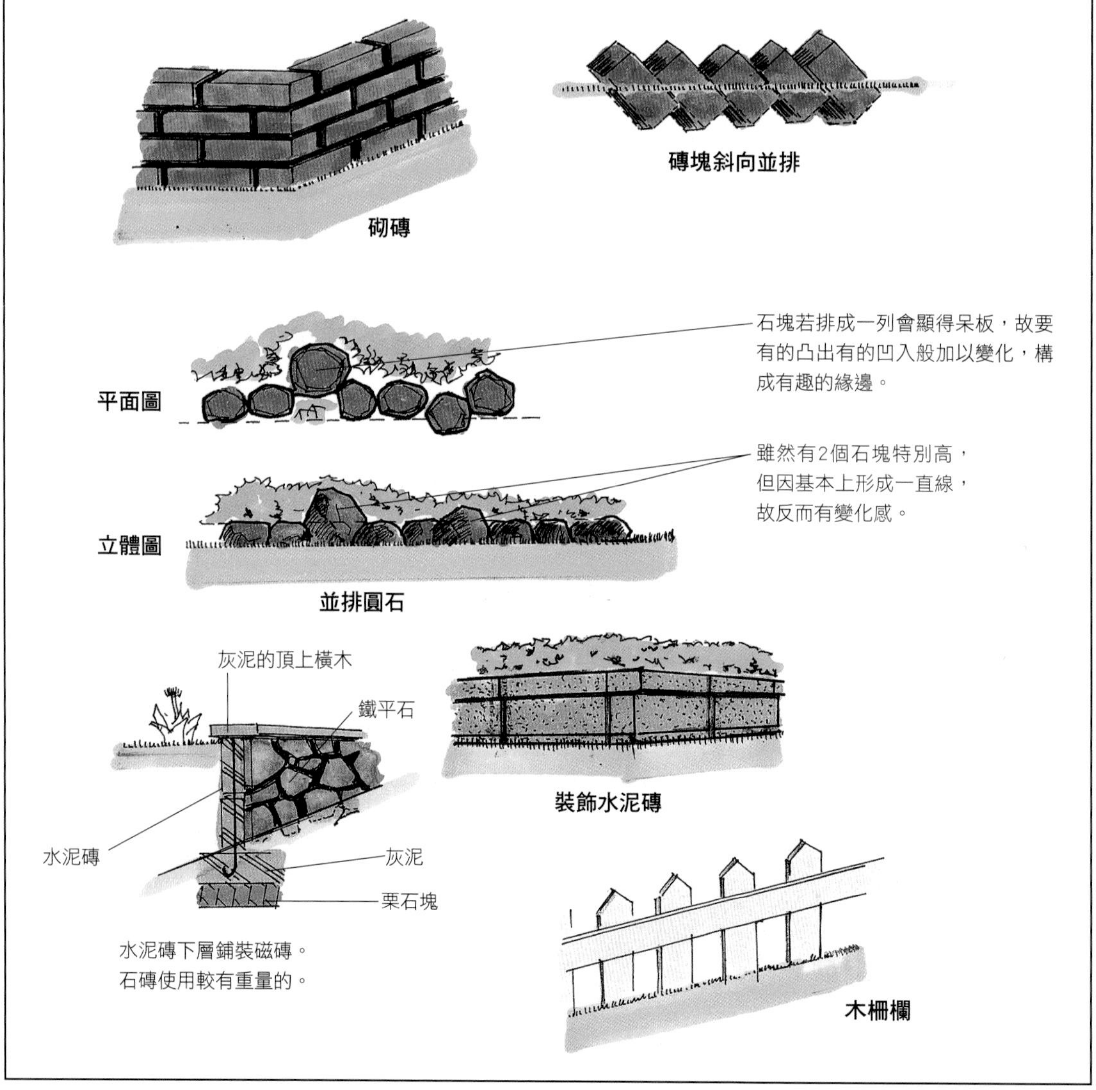
砌磚
磚塊斜向並排
石塊若排成一列會顯得呆板，故要有的凸出有的凹入般加以變化，構成有趣的緣邊。
平面圖
雖然有2個石塊特別高，但因基本上形成一直線，故反而有變化感。
立體圖
並排圓石
灰泥的頂上橫木
鐵平石
水泥磚
灰泥
栗石塊
水泥磚下層鋪裝磁磚。
石磚使用較有重量的。
裝飾水泥磚
木柵欄

■適合花壇的花

要栽種哪些花，選擇時請注意下列重點才做決定。

①務必強健

因眾多聚集地栽種，所以要耐風、耐溫度變化，也要不怕病蟲害。

②顏色美、花朵多的種類。

③開花期較長的種類。

■花的種類

●一年草（參照179頁）

一年草顧名思義就是會在一年中的固定時期開花然後結束生命，故必須每年重新栽種。不過開花期長，花朵也多，值得欣賞。

●宿根草、球根（參照178頁）

和只開一季花就結束生命的一年草相反，宿根草、球根一旦栽種，就會固定在每年同時期開花。由於不必經常管理，每天都會開一次花，所以若希望花壇持續有花綻開的話，就請巧妙組合開花期不同的花。

圖② 花壇的設置場所

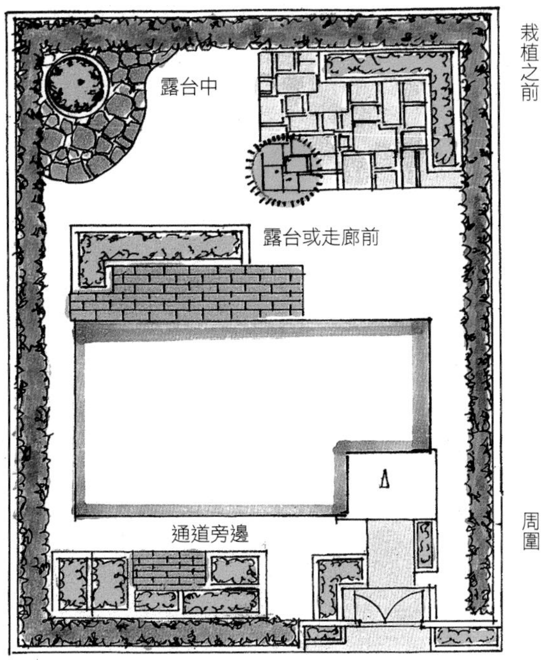

■砌造花壇的實況

●選擇緣邊的材料

決定設置花壇的場所後，也要決定緣邊的材料。選擇材料的基準是施工容易，方便購得。

①石類等　例如大谷石、水泥磚、紅磚、玉石、六方石等。

②木材等　例如燒過的圓木、木製的籬笆、瓶類、鐵製拱門等。

●調整土壤

完成花壇的緣邊之後，為能綻開美麗的草花，必須調製優質土壤。若屬於造園工程的一環，因植木、草坪縫隙土都需要使用農田土，故可委請業者順便幫你準備。除非是純粹的黏土質，否則只要去除雜草、石塊，然後加入肥料即可調製成適當的土壤。雖然會因花壇大小、栽植的花種而有些差異，但一般是1平方公尺灑100g的石灰，充分鬆土混合。

就這樣擱置約1～2週，然後每平方公尺再灑約3kg的堆肥、泥煤苔、腐葉土等，再充分鬆土。有時還要添加油粕等。

但無論如何，都務必考慮排水問題。因下雨若積水的話，會有嚴重困擾。請在花壇內製造斜度或者設置排水管。

以施工者立場來看

●紅磚要充分吸水後才使用

使用紅磚時，請放入水桶泡水，充分含水後才可塗抹灰泥。因為紅磚是「素燒」品，會吸收灰泥的水分，導致無法粘著。故縱使只使用縱一列也要充分吸水。

砌好紅磚後，請用吸水海綿擦淨灰泥污穢。否則乾燥後無法處理。

●使用小圓石製作緣邊時的注意點

使用小圓石製作緣邊時要注意，石頭的上緣線非一直線，或者石頭會前後凹凸都沒有關係。也可在草坪或植木邊界排列小圓石，但也要利用些許不整齊來打破過度單調。

不過，基本線必須遵循。幾處的混亂只為了製造裝飾重點罷了。這也是展現石組的技術之一（圖①）。

巧妙配置紅磚和園藝用品，形成充滿個性的私人花園。

設置在庭園一角的邊界花園風花壇。演出多彩繽紛的華麗感。

用紅磚砌成的圓形花壇是庭園的景觀重點。裡面培育生氣勃勃、花期長的一年草。

設置在門邊的美麗小空間。合植柳穿魚、三色堇。

即使缺乏土地的窄小空間，也可排列栽種多彩花草的盆栽，構成華麗的花壇。盆栽容易移動，故想改變排列花樣也簡單。

為使庭園更賞心悅目，建議用些心思，多配置一些裝飾物。

利用建物的一角做成的花壇。只用矮牽牛一種聚集栽種，十分清爽美麗。

花壇要設計成即使沒有開花，依舊能耐人尋味般地具有美感和造型感。
（設計/三橋一夫）

以紅磚緣邊構成的半圓形花壇。周圍還擺放盆栽和小裝飾物，充滿趣味性。

石組庭園的建造法

庭石大致分為山石和川石。但因採集川石已被現行法律所禁止，無法擁有新產品，故目前多半使用山石。除此之外，還有澤石、海石等，可依生產場所區分使用。

■石塊的選法

選擇石塊時，基本上請選擇同種、同系統的石塊。若庭內使用系統極端差異的石塊，會讓庭園缺乏統合感。同時，若使用太多紅色、青色般多彩的石塊，也會缺乏穩重感。因此，石塊使用典雅的基調色來配置，看起來較為舒暢。另外，圓形石塊在和其他石塊組合時，難以和下一個石塊取得協調，故儘量選擇有凹凸的種類。

使用石塊的方式大致有兩種，分別是當景石或者二石以上的組合。所謂景石是指非常值得觀賞的單一石塊，往往和其他石塊分開，單獨配置使用。組合石塊時，若執著每一石塊的美醜將難以完成石組。由於石塊以三石、五石加以組合時自然會產生美感，所以單一石塊稍有缺點也無妨，藉由組合時的互補，即可形成優美的造型。

■庭石的種類

庭石的區分方式有如下3種。

①以生產場所區分

山石、川石、澤石、海石等。

②以石質區分

安山岩、花岡岩、綠泥片岩、凝灰岩等。

③以產地區分

筑波石、木曾石、根府川石、伊予青石、鞍馬石、秩父青石、三波石等。

■組合石塊的實況

●模仿大自然的組成

庭石在日本各地都有生產，也各有其特色。故建造庭園時，別特地從遠地運來石塊，應使用附近生產的石塊較經濟，選擇上也較豐富。也因此，許多知名的石塊產地，也發展出眾多知名庭園。

石塊不僅是建造庭園的重要素材，其美麗的形狀也備受宗教上、精神領域上的肯定，作者可藉由自由表現、創作來表達自我主張。和繪畫等其他藝術一樣，美的表現是沒有規則的，最好能自在活潑地創作，展現個人風格。

事實上，石組是有所謂的規則和禁忌，原因在於唯恐造型不美觀或不平衡。

故最好的樣本就是大自然。請參考大自然中的溪谷、瀑布、水池、流水等。很奇妙的，大自然總會把石塊最美的一面顯露出來。而且，

圖① 石塊名稱

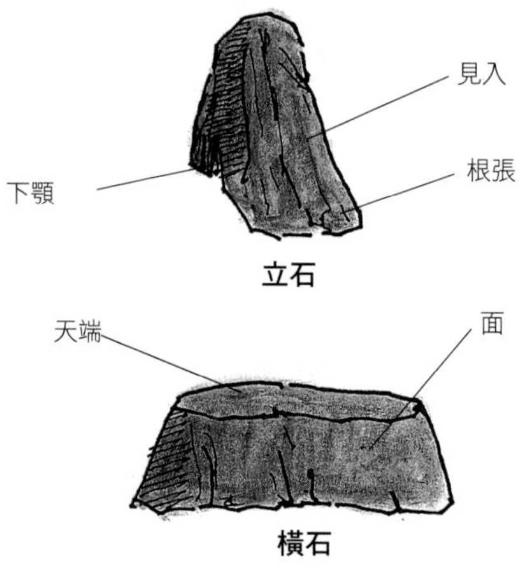

圖② 石組避免設置在庭園中心

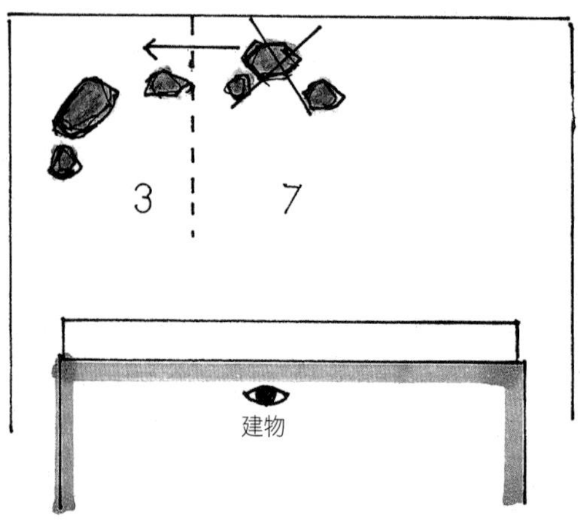

會以最穩定的狀態座落著。從古至今，知名的造園師都會藉由瀑布、流水的寫生向大自然學習石組的奧秘。

那麼，下面就來說明自古以來的石組理論吧！

●石組理論

決定石組之前要先決定想把庭園的重點定位在哪裡。

這是屬於設計領域，故只做簡單說明。雖依庭園條件會有所差異，但石組禁止設置在庭園中心。以庭園結構而言，重點要定位在左右某一方，再把當作中心的石塊做落在此。之後再繼續配置附屬石塊。

庭園的主從部分，應以7對3的比率區分（圖②）。

●石組的基本形（圖③～圖⑥）

組合石塊的基本形有一石、二石組、三石組。即使使用眾多石塊的石組，也是以這種組合為基本。

●配石的方法

把準備使用的石塊全都擺放在庭園中，從其中選出可當主石的石塊。然後依序選擇跟從主石的副石，以及添石等符合構想的石塊。

表① 庭石的種類和產地、特色

	名稱	產地	特色
東日本	日高石	北海道日高支廳	北海道的代表庭石。分有光澤的青石、紅石2種，會產生白色條紋。
	筑波石	茨城縣筑波山一帶	山石。黑茶褐色。容易購得，當飛石、手水缽、踏脱石等使用。
	三波石	群馬縣鬼石	川石。青綠、紅、青白。最近山石變多。當景石使用。
	秩父青石	埼玉縣秩父郡皆野町	青綠石。當景石使用。和三波石同系統。
	鳥海石	山形縣鳥海山麓一帶	淡灰褐色。最高級庭石。容易生鏽和長苔。火山岩。
	鳴子石	宮城縣玉造郡	暗褐色。帶紅色，當景石、鋪地面的小圓石使用。
	男鹿石	秋田縣男鹿市	淡灰褐色。作為庭石的姿態、形狀都美。當景石使用。
	小松石	神奈川縣真鶴市	灰色。當景石、飛石、踏脱石等使用。
	抗火石(水孔石)	東京都新島	多孔狀軟石。加工容易。質輕，適合當屋頂庭園的景石用。
	黑墨石	富士山麓一帶	熔岩塊。多孔質凹凸多。適合瀑布、岩石庭園使用。
	甲州鞍馬石	山梨縣東山梨郡	山石。表面有鐵鏽。加工成飛石、手水缽、燈籠等使用。
	根府川石	神奈川縣小田原市	硬質暗褐色。板狀，可用有趣組合法。以板石、碑石聞名。
	六方石	靜岡縣沼津市	灰褐色。當緣石、亂樁、固土等使用。
	伊豆石	靜岡縣田方郡	黑褐色的山石。有厚重感。當景石、飛石使用。
	天龍石	靜岡縣天龍川流域	深綠色帶白條紋，常當景石使用。
西日本	木曾石	岐阜縣惠那郡	山石。表面是帶茶色的黑褐色。常當景石、固土、砌石等用。
	揖斐石	岐阜縣揖斐郡	青黑、綠色、白色，最高級的川石。
	丹波石	兵庫縣丹波地方	淡茶色。當飛石、鋪裝石、砌石等使用。
	鞍馬石	京都市左京區鞍馬	帶鐵鏽色，最高級的庭石。用途廣泛。
	生駒石	奈良縣生駒市	黑色，有的帶青色或鏽色。和筑波石非常相像。
	阿波青石	德島縣	青綠色，自古以庭石被珍愛。在產地被廣泛使用。
	伊予青石	愛媛縣	伊予青石表面的條紋比阿波青石多。
	小豆島石	香川縣小豆島	安山岩。帶黑色感。產量多。常當庭石使用。
禁止採集類	貴船石	京都市北郊	
	瀨田石	滋賀縣大津市瀨田川	
	鴨川石	京都市鴨川	
	高野石	奈良縣十津川流域	自古聞名，但現今完全不開採，故難以購得。目前留存的，或是使用在名園，或是被石商珍藏不出售。
	紀州青石	和歌山縣	
	佐治石	鳥取縣	

圖③ 石組的基本

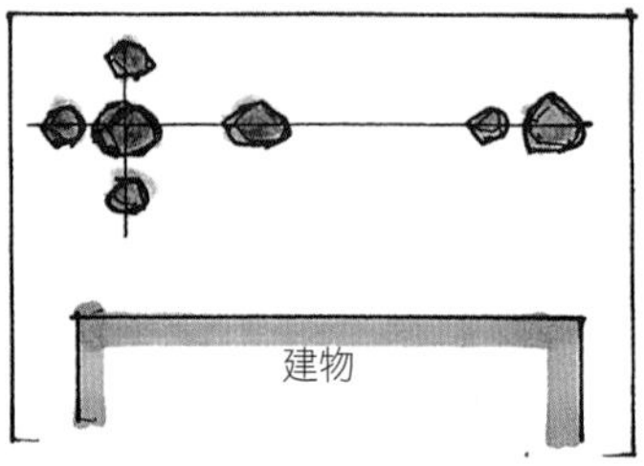
石組別並排在
一直線上
建物

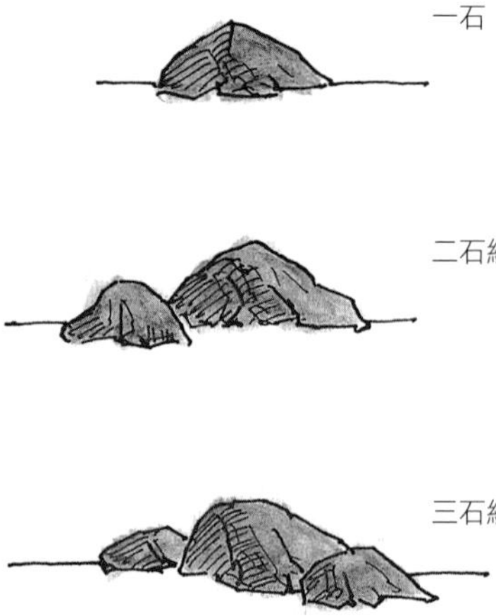
一石
二石組
三石組

圖④ 二石組的基本形

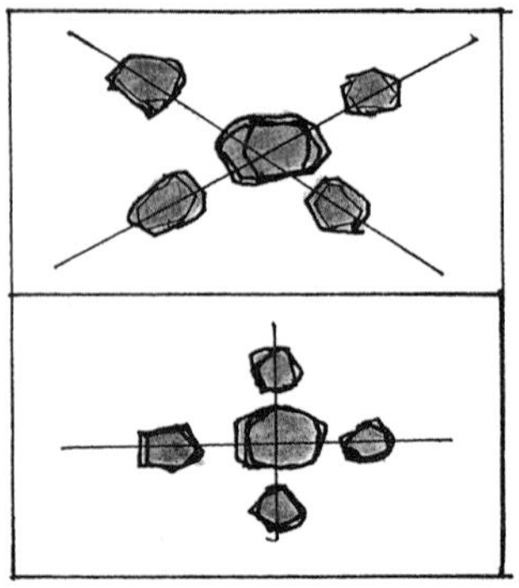
二石組的好例子
二石組的壞例子

圖⑤ 三石組的基本形

應用三石組的基本形，擴大成五石組、七石組，活用「石塊個性」來區分使用為要。別執著個別形狀，透過配置自然突破其形狀也很重要。

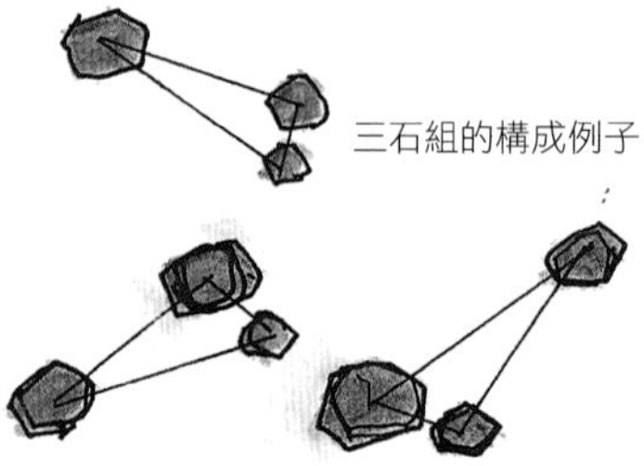
三石組的構成例子

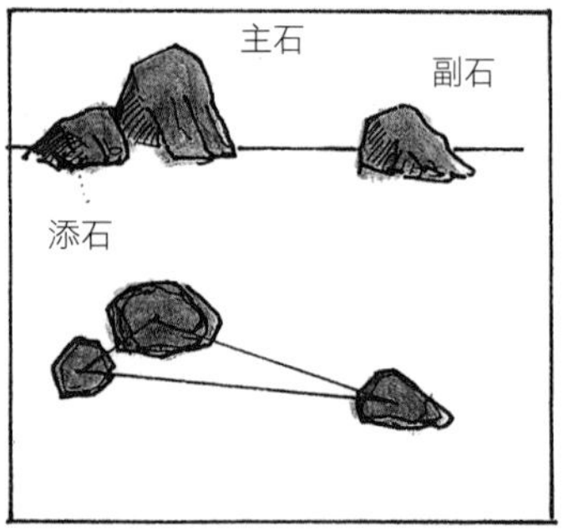
主石
副石
添石

以不等邊三角形構成

圖⑥ 石組庭園的變化

①
②
③

①在平地組合的石組。
②堆土來產生變化。
③添加植木來豐富變化感，製造景深。關鍵在於具備庭園整體考量的構想。

主石是庭園裡的主角，所以形狀要大又有風格才行。而且請別誤判石塊的表裡。但依據單純想法，把看起來漂亮的那面當作表面也可以。

也有所謂的「裡用法」，特別使用石塊裡側的情形。

石塊的節理（圖⑦）

石塊各有其稱為「節理」的紋路。違反節理的方向擺放是禁忌的。橫向紋路就橫向使用才不會有突兀感。這時該石塊的個性，務必充分活用為宜。

石塊的各種作用

有些石塊天生就被賦予豎立用的石塊，或是橫向用的石塊，或是斜向用的石塊等等，大致被決定其使用方式。故可把稱為立石、天端平石、斜石的石塊，適度加上添石做組合。平石雖有穩重的安定感，但卻有缺乏稱為躍動感的缺點。應該在不破壞整體石組流向和關連性下，突破過度的穩定性為宜。這雖然難以實現，但請邊保持整體庭園的平衡，邊下功夫去創作令人刮目相看的生動感吧！

石塊的態勢（圖⑧）

石塊各有其態勢，亦即往上、往側邊、往斜邊流竄而出的能量。這股能量就稱為「態勢」請別違反這股態勢，應該順勢活用其效果。

右勝手石、左勝手石（圖⑨）

石塊都具有其原本的作用。可使用右側的稱為「右勝手石」，左側較活潑的稱為「左勝手石」。因此使用石塊之際，要豎立用或橫放用，石頭的表裡如何決定，是右勝手或左勝手等，都需要適度辨認。雖然石塊的區分法、使用法有所限制，但前面也曾數次提過，自在地發揮自我主張即可。因此創作得當的話，將可發現石塊有意想不到的有趣活用法。

巧妙組合的石群，好像有生命一般互有主張。

圖⑧ 石塊的態勢

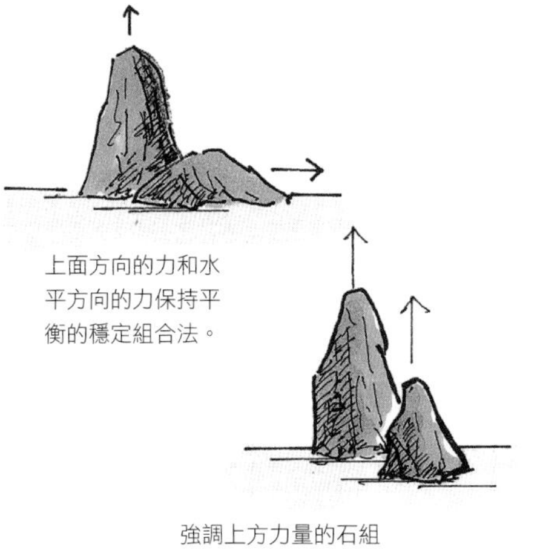

上面方向的力和水平方向的力保持平衡的穩定組合法。
強調上方力量的石組

圖⑦ 石塊的節理

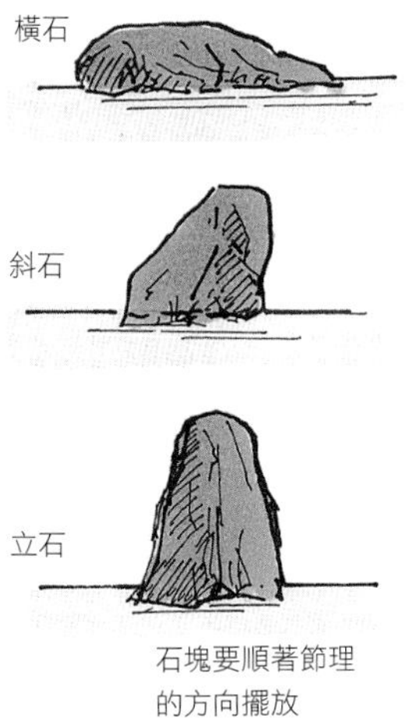

橫石
斜石
立石
石塊要順著節理的方向擺放

圖⑨ 右勝手石和左勝手石

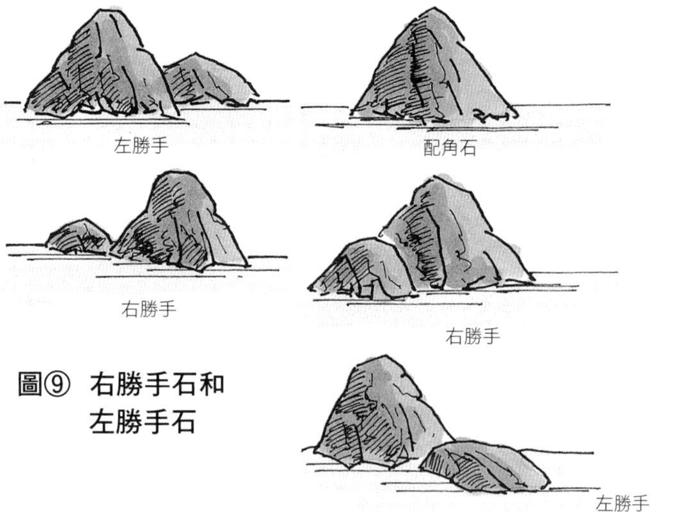

左勝手
配角石
右勝手
右勝手
左勝手

石塊的埋入深度（圖⑩）

擺放石塊時「禁忌斷根」。因此，需要深埋。斷根可能會喪失穩定感和厚重感。希望石塊看起來好像是在地裡扎根一般，又要在沒有其他石塊下表達巨大感時，可藉由植木或添石來彌補。

也要注意石塊的線條流向，再配合其流向去尋找符合此流向的其他石塊。

■瀑布石組的展示法（圖⑫、圖⑬）

瀑布若從正面一覽無遺地展現其洩水的景觀，會缺乏趣味性。故要在前面添加斜立石稍做掩飾，呈現「深度感」。

接著再以「扭曲」手法，以無法看到最內部來表現景深。在邊走邊欣賞風景變化時，也能欣賞到瀑布的不同面向，這才是有內涵的瀑布。

雖也有在瀑布前架橋的人，但最好避免。

因若在瀑布前架橋，會以縱向一直線切割整體瀑布景觀，大煞風景。建造在庭園裡的話，無論石塊或植木都別忘記所謂的「線條流暢性」，若整體線流向遭到破壞，觀賞者將無法獲得平靜。

植木也別栽植在瀑布口，需要稍微離開，製造可從樹間欣賞到瀑布的效果，隨著樹木的變化來影響瀑布的變化，增添情趣。若無取代橋樑的飛石，就做成澤飛型態也別有風味。

圖⑫　瀑布石組的展示法

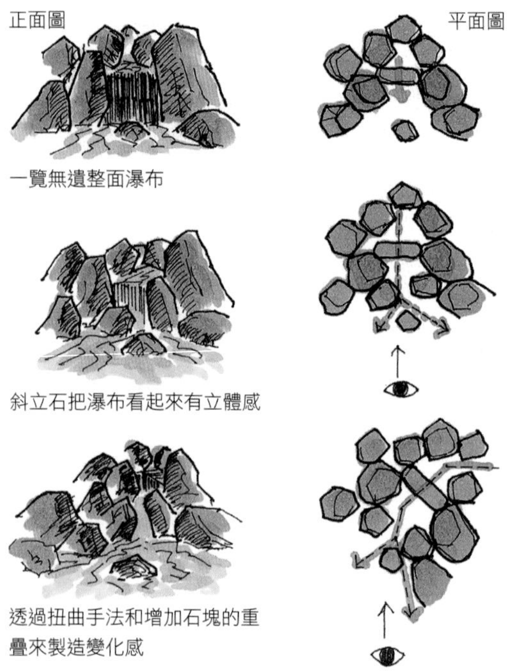
正面圖
平面圖
一覽無遺整面瀑布
斜立石把瀑布看起來有立體感
透過扭曲手法和增加石塊的重疊來製造變化感

圖⑬
瀑布前別架橋

線的流向被切斷的例子
活用瀑布口的例子
製造澤飛，看起來更自然

圖⑩　石塊的埋入深度

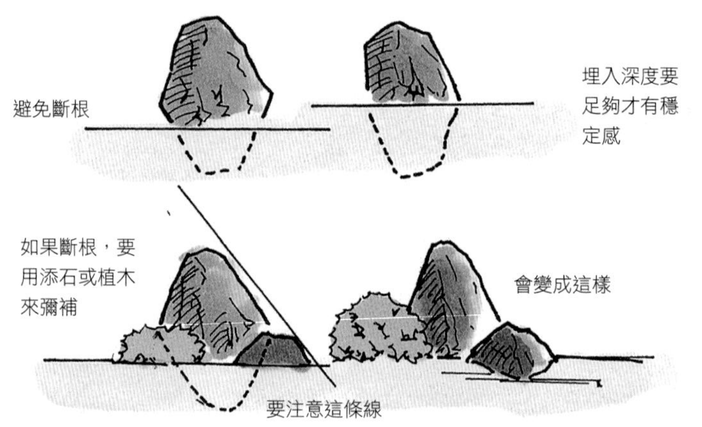
避免斷根
埋入深度要足夠才有穩定感
如果斷根，要用添石或植木來彌補
會變成這樣
要注意這條線

圖⑪　石組的例子

失敗的例子		成功的例子
	同高度、同形狀的石塊別並排一起	
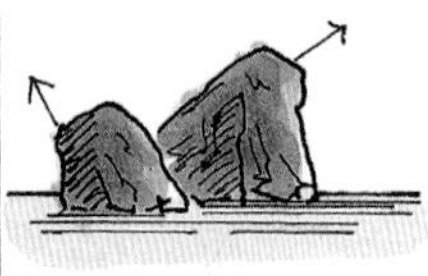	避免逆著態勢使用石塊	
	別混合使用顏色不同、產地不同等的石塊	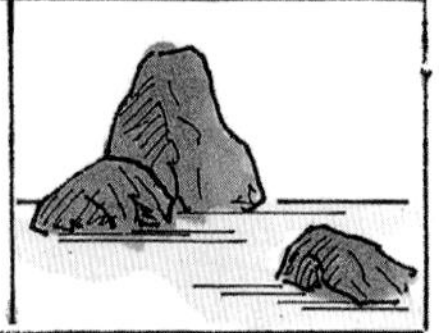

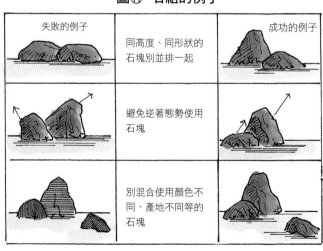

製作澤飛的重點是，使用大塊的天然石，以有節奏感，又容易行走的方式擺放。瀑布則邊留意整體造型，邊打算如何洩水般進行組合。

以施工者立場來看

●使用石塊的裡側

使用石塊時，有表裡的問題。若只呈現石塊漂亮的一面，亦即美麗的表側，可能會欠缺趣味性。何況庭園也需要有讓人鬆一口氣的地方，此際，就可利用石塊的裡側來營造這樣的空間。這個道理就如同一直表現優等生並非上策的意思。

●石組的精進法

為了提昇石組技巧，最好的方法是準備小石塊，把自己的庭園縮小如盆景般，實際進行組合看看。可以堆土、佈置流水、瀑布，自由自在反覆操作，試著去實現理想中的庭園。

●排列圓石時

在草坪邊界排列圓石時，若能活用石組概念，景緻會更生動。邊排列邊做變化即可，若有困難，可先全部排列起來，然後透過全面觀察，修正重點部分。別在意細節，無論栽植植木或組合石塊，都請大膽去進行你的構想。

石組的庭園

西雅圖久保田庭園的入口附近，有使用當地石塊的石組。豎立稜角線條尖銳的石塊，散發著強大的能量。

群馬縣產的三波石石組。庭園中心的枯瀑布石組展現著豪邁的存在感。
（設計/吉河功）

位於群馬縣鬼石町一角的石組。活用背景的山峰，巧妙創造的空間。
（設計/吉河功）

聚集在庭園一角，充滿存在感的三尊石組合。其端正美麗的姿態在白砂中更顯優雅。
（設計/吉河功）

以建仁寺籬笆為背景組合而成的七石組。把各石塊的氣勢流向加以整合為一的作品。
（設計/吉河功）

庭園也需要新感覺的素材和造型。故利用白川石的切割紋路來製造陰影和裝飾焦點。
（設計/三橋一夫）

猶如一幅畫作般的風格，展現著優質和穩重感。

從起居室即可眺望的枯瀑布和流水。每天生活中都在欣賞的庭園，除了要具備造型外，也要有給人寬心的自然感。
（設計/三橋一夫）

把水應用在庭園中會有意想不到的效果。例如清涼的流水，閃爍日光的流水，漂流紅葉的流水等等。
（設計/三橋一夫）

鋪砂、鋪礫石庭園的建造法

砂和礫石在日本從很久以前就被當作庭園的覆地素材使用。其目的在實質上具有防止雨、霜造成地面泥濘，避免沙塵飛揚和雜草叢生等優點。另外也可在造型上下些功夫，增添表現水的枯山水，或象徵海浪、大海的砂紋等。如京都大仙院、龍安寺的石庭、銀閣寺的向月台等都是著名的例子。

枯山水的手法是隨著禪宗的誕生而發展開來。其最大的特徵是巧妙安排所謂的「留白」空間，來擴大、強調涵蓋其中的超現實意義。這是日本獨特的產物。

現代的多元化庭園中，依舊充分在活用鋪砂、鋪礫石的原始機能。亦即在日照不良處、排水不良處或植物發育不良處，大大活用石組、礫石或砂創作出一個景色。

至於要如何把古老歷史的作法，納入現今的生活中呢？就成了日後必須研究的課題。

■砂和礫石的種類

砂和礫石有眾多種類，可依各地產物的特色來利用。想使用在庭園時，必須具備以下條件。

ⓐ粒子大小均勻，色彩優雅、美麗的種類。
ⓑ污穢不明顯的種類。
ⓒ不容易變質或破碎的種類。

符合以上條件，目前有市售品又方便利用的礫石，有如下幾種。

①櫻川礫石（鏽色礫石）茨城縣產。茶褐色有穩重感的礫石。

②大磯礫石（黑色）雖在神奈川縣的大磯海岸可採集到，但最近都使用進口品。

③白川礫石（白色）京都白川產。京都市龍安寺等所使用的最高級礫石。

④伊勢礫石（淡茶色）三重縣伊勢市產。最近多半使用以伊勢小圓石碾碎的產物。

⑤那智黑礫石（黑色）和歌山縣產。含水時會散發美麗光澤。

⑥淡路礫石（乳白色）淡路島產。常用來鋪礫石。

⑦五色礫石（主要有白色、紅色、藍色）高知縣產。因鋪礫石使用時太過華麗，故很少使用。

砂是微細的礫石。用在鋪砂的砂一般有白川砂、櫻川砂、大磯砂等。配合各地，使用不同的砂。

■砂和礫石的使用法

砂或礫石並非只是鋪上即可，使用法需依場所而有所不同。亦即，想讓庭園表現穩重感時，使用茶褐色或黑色的砂或礫石；若像寺院庭園般要有象徵性表現或營造清靜氣氛時，則使用白川砂類的白色砂或礫石。另外，在日照強烈的場所，為了避免反光適合使用黑色系，而日照差的場所，相反的就應使用白色來增加明亮感，如此般進行多方的考量才行。

鋪法也要講究配色，讓造型充滿趣味性才好。

■鋪礫石的實況（圖①）

首先建造基地。若直接把礫石鋪在地面，會逐漸被埋沒於地中。雖可鋪厚一些，但這不符合經濟效益。

首先是在鋪礫石的場所進行整地，用「搗槌」充分搗實土壤，避免埋沒礫石的方法。其他還有在搗實的地面不澆水，而直接加用水泥和砂混合而成的「空練」，仔細敲平後才輕輕灑水，之後才鋪礫石的方法。此法的特徵和混凝土不同，施工上較簡單，而且水可在下層流動等。

另外還有使用防草墊的方法。充分整地後鋪防草墊，端邊用U字型的「鐵絲線」固定，最後從其上鋪礫石。這是最快最簡單的方法。

更完美的方法是先如前般整地，上面鋪灰泥的方法。此際，必須計畫排水設施。把基地做成斜坡是速成法，若能加裝排水槽、排水管就更完美了。排水槽要用覆蓋鐵絲網，或用礫石掩飾也可。如果預算足夠時，請把礫石鋪足約6～8cm厚度最理想。仍看得到地面的鋪法則表示厚度不足，至少要鋪3cm。

■枯山水的建造法

枯山水是造園中技法最困難，並且被要求需要具備想法。雖然現代只要組合石塊、鋪上礫石就稱為「枯山水」，可是本書想從枯山水的起點來做說明。

誠如大家所知，枯山水和禪宗有著密切的關係。簡而言之，枯山水庭園就是讓人容易理解禪宗精神的庭園。

禪宗在鎌倉時代興起，室町時代進一步發展。故平安時代，是以有池泉的淨土庭園為主流，之後發展為鎌倉、室町時代以石庭、枯山水，桃山時代以茶庭，江戶時代以池泉回遊式庭園為主。

枯山水是不用文字，改以石塊的組合來教導一般民眾認識佛教。例如三尊石組是表示釋迦、阿彌陀和不動明王三尊佛祖，其他的石組則意味五佛、六觀音。鋪礫石表示海洋，其中的石塊表示船隻，石組則意味蓬萊島。如此這般藉由石塊的組合來傳達思想與日式景色。

同時，枯山水也是僧侶修行的場所。修行是為了達到禪宗稱為自力解脫之嚴肅思想的手段，所以用枯山水來表現。亦即以大自然縮影的枯山水，來闡釋禪宗悟道的境界。

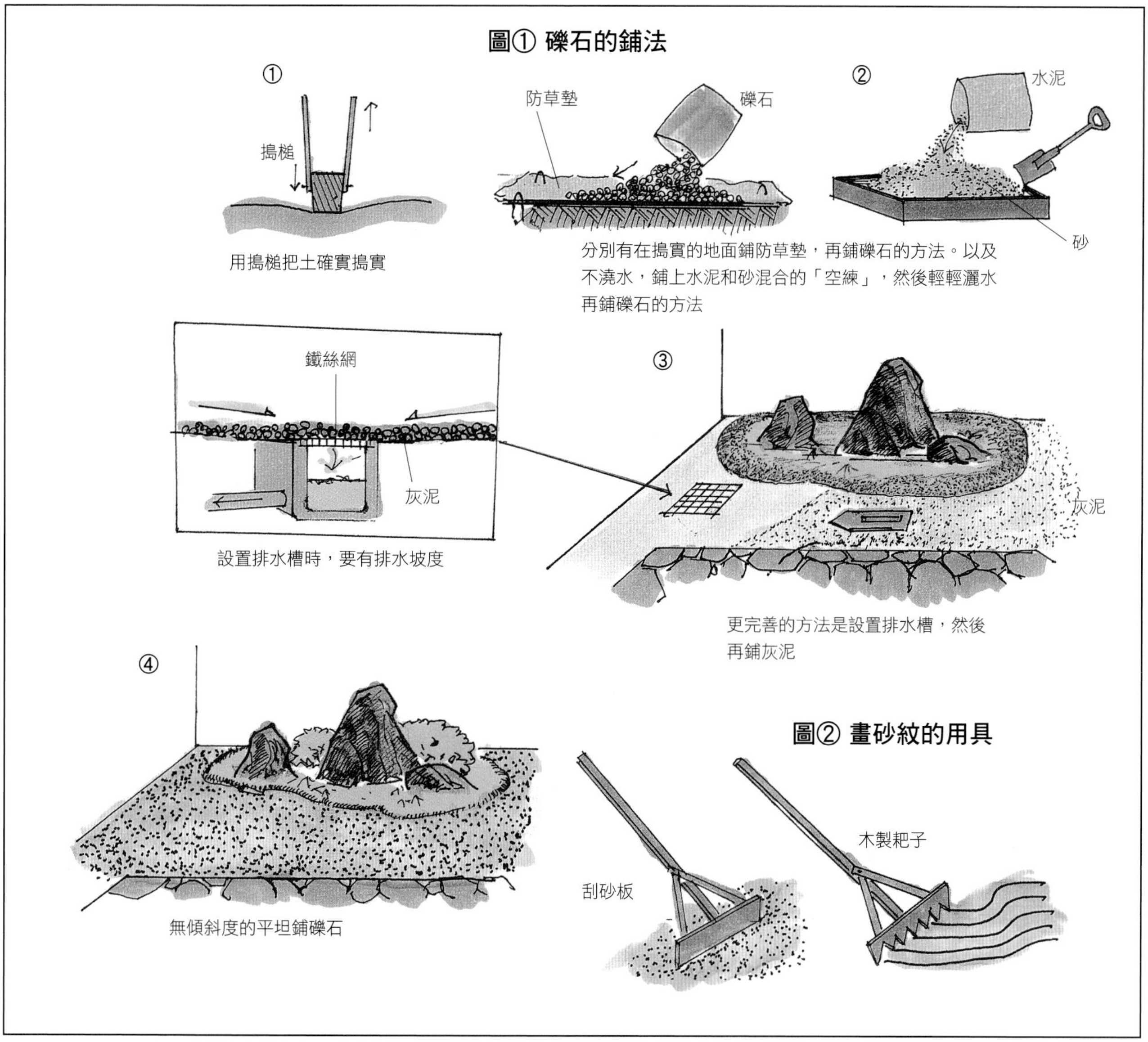
圖① 礫石的鋪法
①
搗槌
用搗槌把土確實搗實
防草墊
礫石
②
水泥
砂
分別有在搗實的地面鋪防草墊，再鋪礫石的方法。以及不澆水，鋪上水泥和砂混合的「空練」，然後輕輕灑水再鋪礫石的方法
鐵絲網
灰泥
設置排水槽時，要有排水坡度
③
灰泥
更完善的方法是設置排水槽，然後再鋪灰泥
④
無傾斜度的平坦鋪礫石
圖② 畫砂紋的用具
木製耙子
刮砂板

京都市大仙院的庭園。猶如在深山見到的瀑布般，一路流向幽谷的寫照。

枯山水中最具代表性的庭園是京都市的大仙院庭園。狹窄的場所，正面內側設有表示瀑布的立石，瀑布成為急流進入山谷，穿過石橋流入大海般，把瀑布從深山幽谷一路行至大海的大自然景觀，呈現在有限空間裡。

由於如此，各位應可理解現存於寺院的枯山水，都蘊藏著禪的教義。但也別忘記觀賞其精湛的石組造型。把教義抽象化的表現法，其實已經超越教義，反而帶來一股強烈、嚴謹、莊重的美感。

現在，我們若要把枯山水融入生活中，雖然已和宗教完全無關，不過還是值得去學習古人創作石組的巧妙、雄偉。石塊別如景石一般只擺放一個，應數個加以組合，把石塊原本的美感進一步昇華。

龍安寺的石庭，是在白砂中以七、五、三個石塊做組合，讓觀賞者自行發揮想像力的庭園。有人指稱其為「虎子渡」，不過這樣的解說反而會阻礙觀賞者的想像空間。我認為創作者在創作時絕無此意圖，只是為了追求造型美才如此設計的。

現代以京都名園聞名的各寺院庭園，石組常被植木所遮掩，完全無法觀賞的也不少。植物每年都會變化，而石組可說是庭園最原始的美。故請各位不妨去想像那份受到遮掩的美吧。

■砂紋的作法

砂紋猶如在京都市龍安寺庭園所見一般，是應用在枯山水的獨特景象。那麼有什麼意義呢？鋪礫石的部分表示海洋，並在砂中畫圖案來象徵海浪。

這些砂紋，會因圖案的畫法、線的間隔、線的深淺不一，產生不同的光線反射差，導致鋪成平坦的礫石部分也充滿動感。一般家庭雖無寬大空間來描繪圖案，但為了導入其思想，可用耙子或掃把掃出紋路，製造清淨感也不錯。

砂紋的作法其實如圖②般，用裝山形板的木製耙子描繪圓形或曲線。圖案的種類眾多，有微波、大波、山坡、流水、青海波、漩渦、波濤等。有關其解讀法，會依據庭園的意義而有所差異。

象徵性的三尊石組浮現在表示大海的砂紋中。表現海岸線十分柔和的庭園結構。
（設計/吉河功）

象徵漂浮在大海中的小島。石塊和松樹等植栽的配置也相當秀逸，呈現一片寬闊感。

浮現在象徵海之礫石上的「舟石」。在日本庭園中是象徵開往蓬萊仙島的寶船。
（設計/吉河功）

用砌石來區隔，把手水缽也納入景觀中。並以小枹、紅葉為主營造野趣氣息。（設計/三橋一夫）

砂紋的種類繁多，且可依據其畫法觀賞多采多姿的海洋表情。但一氣呵成是畫砂紋的要訣。（設計/吉河功）

由於礫石空間寬闊，故延段成為庭園重點的設計方式，充滿日式意境。

連接著主庭的裡庭，靠延段和飛石輕鬆加以統合。地面先打灰泥，然後鋪礫石。（設計/三橋一夫）

可觀賞飛石、地面圖案和庭石所產生對比的趣味性。兼備實用和觀賞是庭園造景的重要條件。（設計/吉河功）

枯瀑布和流水的景。瀑布和其前方石組的重疊部分，有表現景深的效果。（設計/吉河功）

鐵缽形手水缽座落在海中。在省略配角石下，手水缽的美麗身影，進一步被凸顯出來。（設計/吉河功）

池塘庭園的建造法

池塘沒有西洋、日式的區別，但在庭園中佔有不小的比重。庭園中如果沒有水，就缺乏動感，沒有生氣。故庭園中至少要有1處有水，以業者而言總認為「缺乏動感的庭園是有缺陷的」。

例如石塊、常綠樹和草坪庭園，都是缺乏動感和變化的。而像水滴咚咚咚滴落蹲踞的風情，卻是文人雅士對美的獨特感觸。

■自然風的池塘和工整形的池塘

●自然風的池塘

現在我們見到留存在寺院或官邸的日式庭園池塘，都是自然風池塘。其動機是想要把大自然的山、川、海、湖景色拉近身邊，滿足自己對大自然的憧憬，所以把水活用在庭園中。

雖說是自然風，但其構成要素卻包括瀑布、流水、山間急流、靜水區，以及搭配用的水草等植栽、澤飛石、小沙洲、大沙洲、橋、護岸石組等等。像大名庭園般的池泉回遊式庭園，就幾乎把山、谷、流水、瀑布等所有要素都涵蓋於內。

自然風池塘的最大特徵被認為是擁有美麗的線條，以及美妙的護岸石組。雖然據說那些線條是在表現心、水、米的草書字體，不過以造型觀點來說，的確大大發揮了美化效果。

●工整形的池塘

西洋庭園的池塘，多半是以直線、曲線組合成幾何形狀的工整形池塘。大規模的包括在凡爾賽宮等可見到，成為左右對稱的庭園部分加設噴泉等的池塘，以及西班牙的中庭、義大利的運河（kanaal）。

在現代我們生活中能見到的庭園多半是東西合併的型態，嚴格來說並非純正的西洋庭園，適當的稱呼應該是帶西洋造型的庭園。

池塘緣邊如前所述一般，是以直線或直線構成。素材則多半採用紅磚、砌青石、鋪磁磚、砌石片、貼石片等。附加物有噴泉、雕刻、壁泉等等。

基本上，西洋庭園的池塘要和草坪產生對比才有效果，所以庭園或池塘必須和建物形狀取得協調。而且在造型多樣化的現代，更需以新的感覺活用新的素材來作思考。

■魚池的建造法

設置池塘時，「池塘的使用目的為何？」是個重要課題，必須正確決定。是為了飼養鯉魚，或是純粹觀賞用呢等等。像飼養狗、貓一樣，希望寵物健康成長，就必須做好管理，池塘想保持美麗狀態，也需要完善的設備和管理。如果完工的池塘，去看時總是污穢不堪，那就太令雇主失望了。

在協商階段若雇主認為「不太可能放魚」，那麼業者會以市售的池塘清潔設備就足夠，而不特別安裝過濾設備。然而完工後卻在該池塘一次又一次地放入高價購買的錦鯉，池塘必然污穢。當業者發現「糟糕」時就後悔莫及了。因為已無法重新安裝過濾設備。因安裝過濾設備時，池邊也需要設置過濾槽、配管、水管等的空間。所以事前務必仔細協商後才可施工。且以施工者的立場來說，無論如何都應考慮到配管問題來作對應，把配管納入事前計畫較為安全。

■建造池塘的實況

●砌水泥磚法

這是庭園指南等常介紹的作法，但我並不推薦。因為水泥磚本身會滲水。即使加塗灰泥，其厚度也有限。

而且水泥磚無論多仔細堆砌，都非一體成型，反而打薄層混凝土較為耐用。不用擔心日久後會滲水的困擾。

●使用塑膠布的簡易混凝土打法（圖①）

決定池塘的形狀後，沿著邊線挖深約80cm、寬約20～30cm的溝，鋪栗石後充分搗實。接著使用農業用的塑膠布，配合長、寬如圖

般鋪在挖好的溝裡。不用模框，沿著開挖的寬度打上新拌的混凝土。雖是簡易池塘，但若再組合鋼筋就很完美了。

擱置５～６天後，挖掘池塘內部。同樣鋪栗石搗實，上面鋪鐵絲網，打底部用混凝土。由於壁面的混凝土還鋪了塑膠布，所以完成後光滑美觀。若只是２～３坪的池塘，採用此法就夠了。塑膠布可在ＤＩＹ用品店購得。

圖① 使用塑膠布的簡易池塘建造法

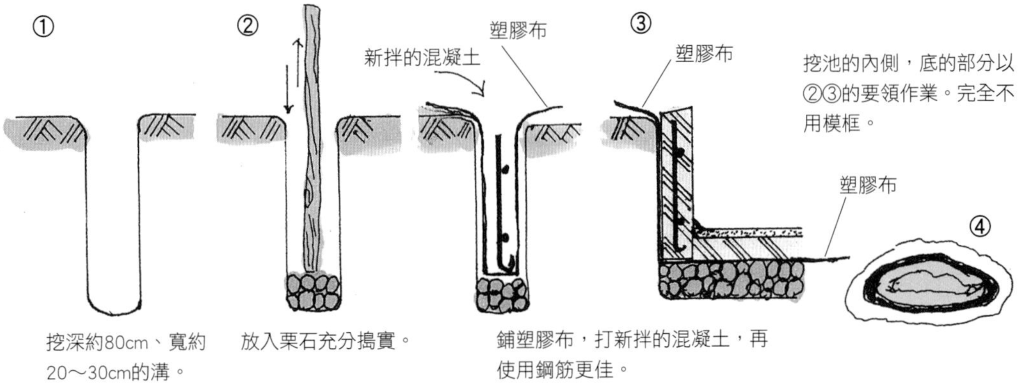
①
挖深約80cm、寬約20～30cm的溝。
②
放入栗石充分搗實。
新拌的混凝土
塑膠布
鋪塑膠布，打新拌的混凝土，再使用鋼筋更佳。
③
塑膠布
挖池的內側，底的部分以②③的要領作業。完全不用模框。
塑膠布
④

圖② 袋打法

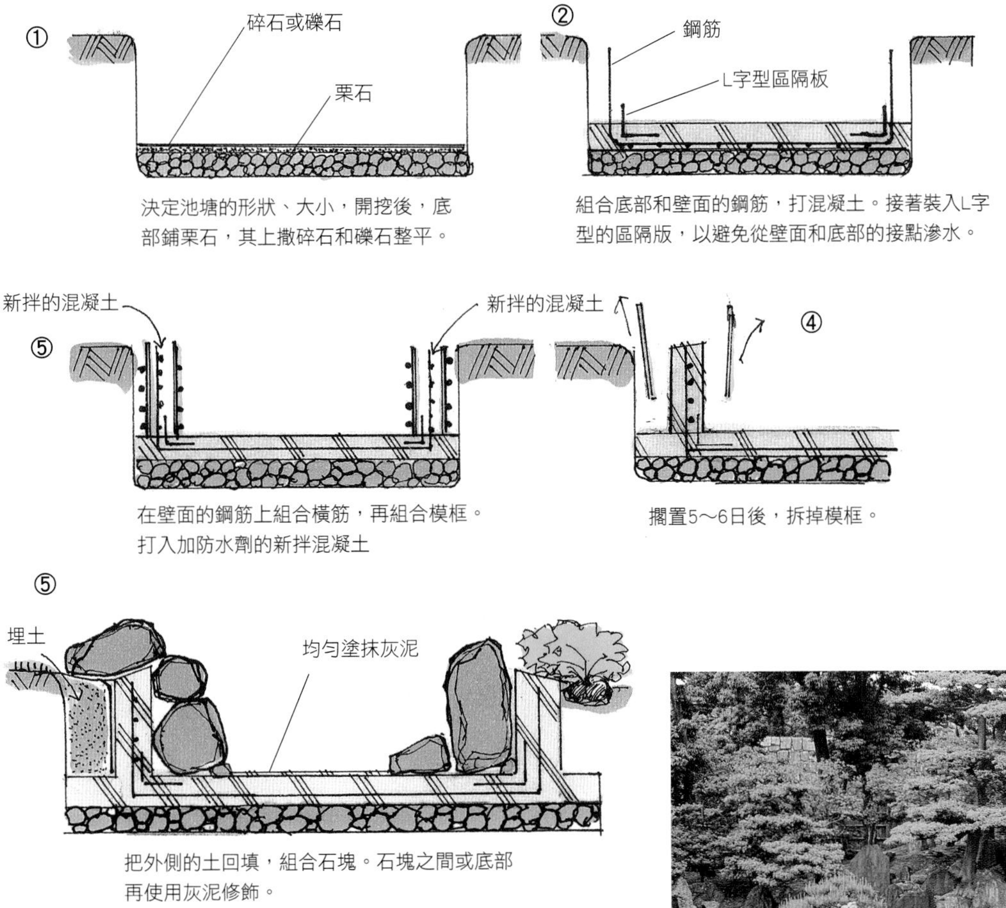
①
碎石或礫石
栗石
決定池塘的形狀、大小，開挖後，底部鋪栗石，其上撒碎石和礫石整平。
②
鋼筋
L字型區隔板
組合底部和壁面的鋼筋，打混凝土。接著裝入L字型的區隔版，以避免從壁面和底部的接點滲水。
⑤
新拌的混凝土
新拌的混凝土
在壁面的鋼筋上組合橫筋，再組合模框。
打入加防水劑的新拌混凝土
④
擱置5～6日後，拆掉模框。
⑤
埋土
均勻塗抹灰泥
把外側的土回填，組合石塊。石塊之間或底部再使用灰泥修飾。

圖③之後做棚架的方法

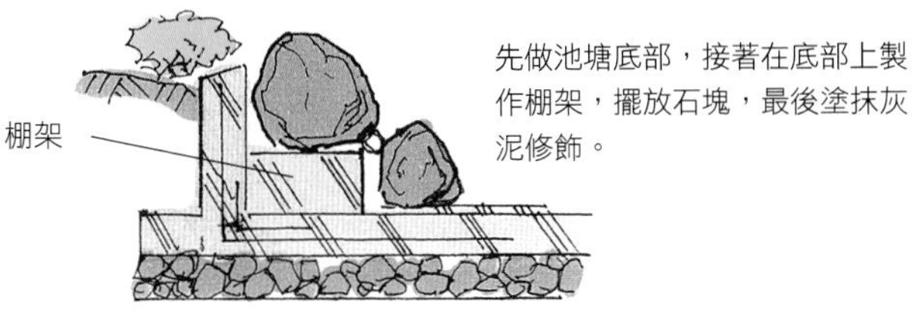
棚架
先做池塘底部，接著在底部上製作棚架，擺放石塊，最後塗抹灰泥修飾。

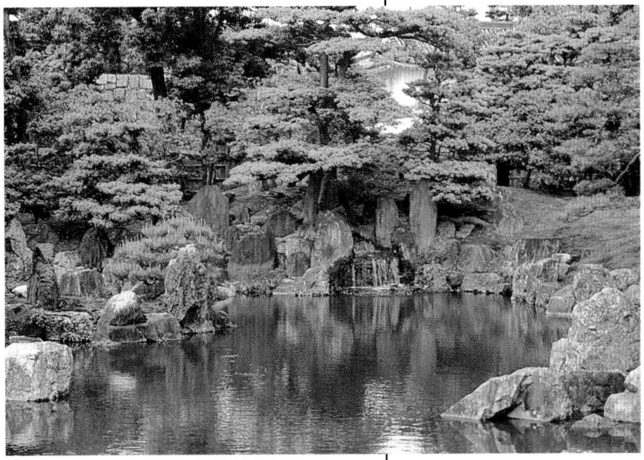

大名庭園的豪華池石組。瀑布、護岸、中島的石塊佈置、組合法，都是依據傳統手法。

●袋打法（圖②）

對應漏水問題，最確實的方法就是在基地上打混凝土的袋打法。決定池塘形狀後，依據計畫的大小、深度開挖，底部鋪栗石並充分滾壓。其上再鋪碎石和礫石，把栗石之間的縫隙填實

整平後，從上以縱橫都約20cm的間隔，在池底部組合鋼筋，然後鋪較粗的鐵絲網。池塘壁面也使用鋼筋同時組合。此際別忘記，為了避免之後準備打混凝土的壁面和底部接點會有漏水問題，需要加裝L字型的區隔板。該素材使用市售的塑膠、金屬、橡膠等製品即可。底部的混凝土要混合防水劑，同時顧及之後的排水和掃除，需要用鏝刀修成斜坡。

經過2～3天乾燥後，再組合壁面的鋼筋。壁面的鋼筋上再組合橫筋後就大功告成，其間隔以約20cm較適當。至於鋼筋之間的間隔或鋼筋的粗細，則依據水池的大小、深度等池塘規模來決定。完成鋼筋的組合後，配合壁面厚度組合模框。此際也別忘記一併組合給排水、電氣的配管。

壁面的混凝土也加防水劑，而且在打入壁面時，要避免和先前打好的池底混凝土接點產生縫隙。要訣是把壁面的頂端如圖般向外側傾斜。然後在頂端擺放石塊或植栽掩飾緣邊。

5～6日拆掉模框，回填外側的土，在池塘內擺放石塊。石組的要訣是別只顧及要掩飾混凝土壁面，還要考慮石塊的平衡和自然感。而且也非單純擺放石塊罷了，應該搭配能形成自然水邊景色的要素。例如添加草坪、水邊的草、低木、沙洲、亂樁等來變化景色。

完成石組後，再次塗抹灰泥，穩固石塊和底部的接點。

●之後做棚架的方法（圖③）

池塘較深時，可如圖③一般再加一階形成棚架來設置石組。棚架的尺寸依據池塘決定。

無論使用哪種方法，完成組合石塊的階段後即要注水，觀察看看是否會漏水，石塊景觀是否生動，給排水和馬達的狀況如何等。然後放乾水，再做細部修飾才不會有問題。

●池塘壁面和底部的修飾

要養魚的話，放在水中的石塊等有稜角的部分都要用灰泥修圓。若要飼養錦鯉等容易被聲音驚嚇亂竄，導致受傷、生病的魚類。底部必須用金屬鏝刀抹平，讓底部的污水能安靜順暢的流出。

●水的灰質去除法

剛完工的水池若馬上裝水放魚，水泥中的「灰質」會害死魚群。以前是放灰和稻草，擱置一陣子後沖水洗淨。但現在是使用明礬或中和劑，因此短時間內即可去除灰質。另個方法是在灰泥上塗抹防水漆，此法能馬上使用池塘。因為等漆會剝落時，灰質也早已消失了。

●池塘的給水

給水的方法分為在池塘邊設置水管，直接注水的情形，以及配管到瀑布口，讓水從瀑布流出的情形。若想方便清掃池塘或短時間內注滿水，採用前者為宜。至於到底要採用哪種方式注水要依據設計來決定，但我認為儘量設置在2～3次，區分使用才理想。

●池塘的排水

若地基較高，當然能一拔掉塞子就迅速排完水，不過也有水面和道路等高的情形。此際請依序採用排水槽，注入下水槽，或用幫浦把水抽掉等方法處理。

洩水管也不可或缺，假如因大雨等使池塘水量大增時，便會自動流到外面的配管。又為了避免被樹葉等阻塞，請加裝鐵絲網，或注意排水管。

■防止漏水

前文提過建造池塘的工法中有所謂的「袋打法」。亦即使用混凝土先做好要裝石塊之外框的方法。這種工法幾乎不用擔心漏水問題。一般常用的方法是先把石塊直接鋪在地盤，然後在底部打混凝土，再用灰泥修飾的方法。但若未做好填實作業即會漏水。理由是，石塊經過一段時間後，即會因自身的重量而下沈，而冬季的霜又會推高石塊下方的土壤。導致石塊和灰泥之間產生龜裂。

池塘的首要條件就是不可漏水。無論護岸的石組多麼完美，若會漏水，又不知到從哪裡漏水，那麼事態就嚴重了。

故建造池塘前必先調查用地的地盤狀況。若地盤結實，底部鋪栗石、搗實，然後打混凝土即可。若屬於填土的地盤，則要有地盤下陷的顧慮，一旦施工不仔細，完工後的修補將接連

不斷，務必注意。

打混凝土時最好加防水劑較安全。袋打法時，鋪好石塊後，修飾壁面、池底的灰泥也要混合防水劑。而且，在石塊和混凝土的連接部分，更要以重點式地塗抹。

也有用防水劑溶解灰泥做成稱為「石灰漿」的材料，可用來塗抹連接石塊的邊界。

因在排水時，會漏水的部位通常會呈現滲水狀，故很容易判斷是否有漏水問題。在其周圍塗抹大片灰泥，或注入灰泥漿就沒有問題。

■防止水質污穢

為了保持池塘的美麗，第一，水要不停流動。靜水狀態馬上會長出綠藻或水苔。另外水面若一整天接觸日照，水會變綠色，故要植樹來製造日陰。

使用井水的話，要以少量多次的方式給水才不易污穢。使用自來水的話，最好利用幫浦循環，把從池塘經過過濾槽淨化的水，從瀑布口等引入池塘。雖然幫浦或過濾槽的大小會因池塘大小、水量多寡而異，但我認為容量大一些較理想。

魚池靠飼養魚的方式也能防止污穢，請注意以下重點。魚量別超過池塘的大小。飼料也避免給予太多。水質污穢的主要原因多半是飼料太多，魚兒吃不完殘存所致。

池塘的庭園

以施工者立場來看

●池塘水面要儘量看得見

池塘水面要儘量設計成能從室內觀賞的狀態。故別沿著池邊排滿石塊，要有部分的沙洲，讓水面看起來更寬闊。

即使小池塘也要設法產生變大、變寬的感覺。其中以點綴水草、小石頭等製作沙洲的表情最理想。

池塘是用來觀賞風情的，故要邊想像水的表情、日照反射等等情境邊建造。（設計/三橋一夫）

小池塘也可利用石塊的組合法、擺放法、遠近法來營造富有變化的景色。（設計/三橋一夫）

流水庭園的建造法

「流水」分實際有水流出，和以石組、礫石為主，象徵性表現流水的「枯流水」兩種。各位的家庭要採用哪一種，可依據用地條件、造型和費用來做檢討決定。

自古，「流水」就是日式庭園中，為了開創某種氣氛所使用的重要設計要素。使用水的庭園和不使用水的庭園相較之下，感覺的確大不相同，整體庭園效果也較佳。因使用水製造瀑布、流水後，庭園即產生「動感」，充滿了「表情」！

那麼，具體來說有什麼表情呢？包括水流動的模樣，投影在水面的光和影，被風吹起的漣漪，水滴落的聲音以及潺潺的水流聲等等。缺乏之水就無法醞釀出這些氣氛。甚至不必直接用眼睛看，只聽其聲音就能感受到「清涼」。流水的美，就像這般緊緊扣住我們的心弦。

■水的各種使用法

那麼，在庭園使用水的實況為何呢？

①滴落狀 — 做成瀑布，或從筧（引水管）流入手水缽，用來觀賞其滴落的景象。

②流動狀 — 當引流水或流水用。

③儲存狀 — 當作池塘、手水缽用。

④噴出、湧出狀 — 當作噴泉、井圍、湧泉等用。

這4種使用水的方式，可在設計中加以組合，或增添變化來表現。

■住宅庭園中的流水

現實上，我們該如何活用水呢？以住宅庭園而言，由於受到種種限制，難以擁有瀑布等的正統設施，故可用小巧的瀑布和流水來做搭配。而且，流水不一定要從瀑布開始。從石塊間湧出流水，或者把手水缽的水連接成小水流，都是不錯的構想。

流水會給庭園帶來動感和表情。

■流向

「流水」分自然風流水和人工流水。西洋庭園是以人工線條來設計運河風的流水。也有利用直線水流來搭配曲線多的庭園。但以住宅庭園而言，富有曲線的柔美自然風流水較有穩重感，較能獲得心靈的慰藉。

■流水的作法（圖①）

●參考大自然的流水

實際製作流水時，與其要翻閱眾多書籍，不如前往附近的溪谷仔細觀察。看著流水，把石塊的情況和水流的樣子記在腦海，就能迅速掌握所謂流水的氣氛。

自然界的流水是水湧出後，形成細流開始流動，慢慢隨著斜波的凹凸發展成激流。接著進入山谷成為溪流，離開山谷後成為平靜的豐沛河流，最後流入大海中。我們就是要把這樣的自然景色和動感納入庭園中。

●創作有景深的景色

流水的上游和下游當然不同，感覺、趣味也

不同。上游是岩石多、坡度急的溪流，下游是水量多、岩石少的原野河川。

全部要納入庭園是相當困難的，但最重要的是流水必須有景深，所以必須下功夫製造景深。為此，活用曲線，再靠植木來產生景深。此際，植木以雜木類為最佳選擇。

●用石塊來營造躍動美感

石塊別選擇圓形的，以有稜有角的不規則山石較容易製造表情。

石頭在流水中有激起水花產生躍動感的效果。讓水不僅在流動，還有各種變化。

流水的上游寬度以約60～90cm，中游、下游以約1～1.5m為適當。而且，上游要多使用石塊，下游只在護岸重點放置石塊，其餘配置植栽。

觀察實際流水即可瞭解，石塊在流水中並非整齊排列著。因為大雨引起的湍急水流會沖走石塊下的砂，移動石塊。故大家可以想像到，石塊的方向會自然地以較重的那方朝向上游。像這般，流水的躍動美感中還蘊藏著一定的節奏，請大家務必仔細觀察。

水的流動是需要坡度的。但一般家庭難以製造落差，故想在幾處製造小瀑布，激盪流水產生變化並不容易…。其實流水坡度約3／100就足夠。而且只要水量多，坡度少也能實現想要的結構。

●水的循環

做好流水，但因要耗費龐大電費、自來水費而停止水流動的例子不少。不過若採用循環裝

圖①　流水的作法

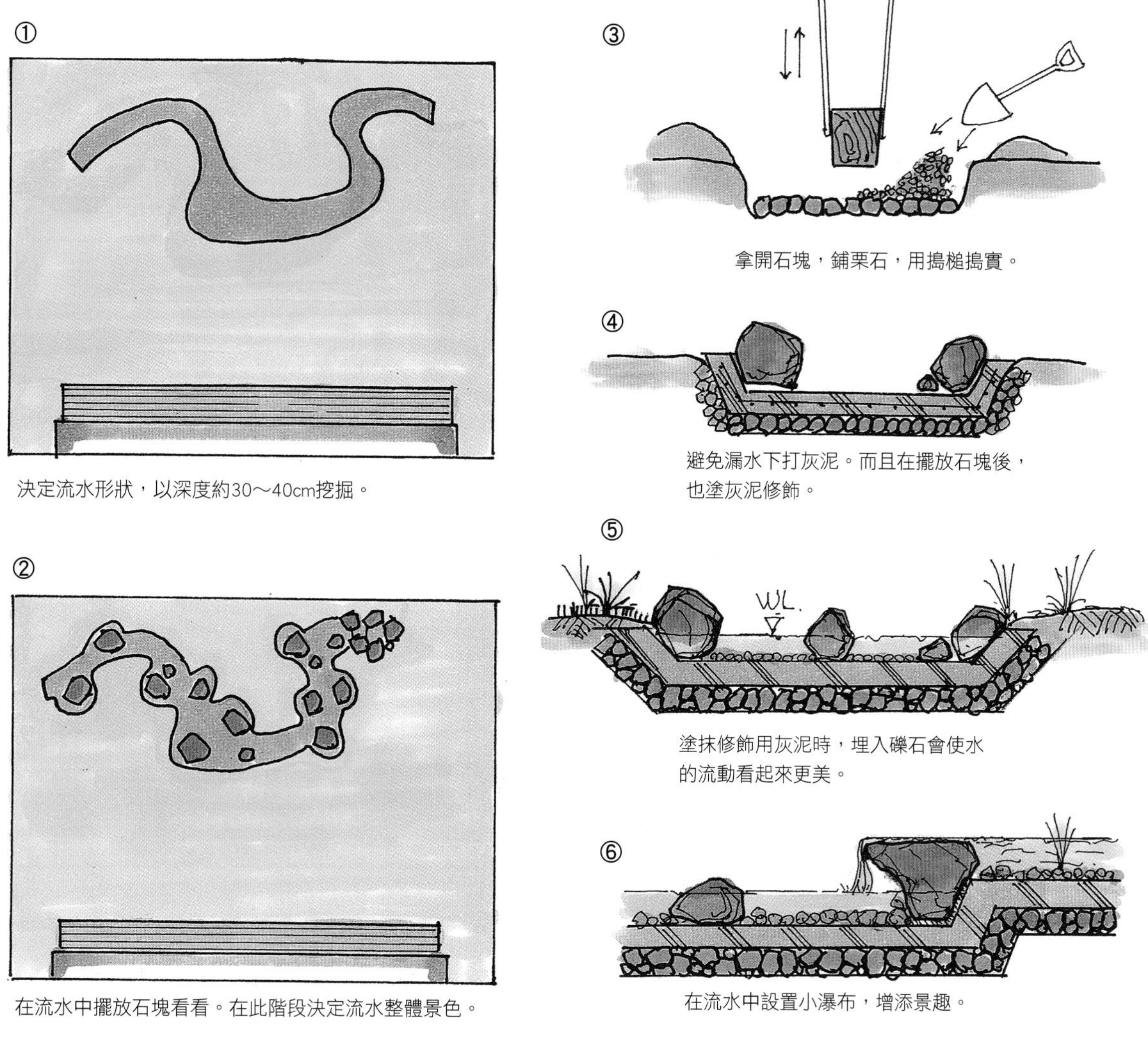

① 決定流水形狀，以深度約30～40cm挖掘。

② 在流水中擺放石塊看看。在此階段決定流水整體景色。

③ 拿開石塊，鋪栗石，用搗槌搗實。

④ 避免漏水下打灰泥。而且在擺放石塊後，也塗灰泥修飾。

⑤ 塗抹修飾用灰泥時，埋入礫石會使水的流動看起來更美。

⑥ 在流水中設置小瀑布，增添景趣。

置，只要少量水即可。但為了欣賞流動的風情，石塊的配置和水底也需要下功夫。

底部是在灰泥中埋入三分礫石，且為了儘量看不見灰泥，其間又放入礫石修飾。若使用鋪地面的小圓石也一樣。石塊越大，水會從石下流過，水就看不見。接著在流水中擺放小石塊，讓水的流動產生變化。

■流水的添景物

能裝飾流水的物品有橋、澤渡石、澤飛石等。橋又有石橋、木橋、土橋等。但因住宅庭園的流水不長，若在短流中設橋，會阻斷流水的節奏或和植物連接性。如果執意設橋，不妨利用澤飛石方式處理，才不會影響庭園景色。

另外，在流水中設至蹲踞成為「流水蹲踞」也是個方法。或為了彌補單調感，把蹲踞當作添景物也不錯。

■流水的植栽

前文提過，流水和雜木是最佳搭檔。上流以栽種山紅葉等的紅葉類、枹樹類為主。背景適合杉樹等。下草則採用蕨類、卷柏、槖吾、石菖蒲和馬醉木等。

下游是在重點處設置石塊，然後靠栽種下草來遮掩護岸的混凝土。下游適用的下草有石菖蒲、馬醉木、木賊、柃木、花菖蒲、燕子花、菖蒲、斑葉麥門冬、五月杜鵑、杜鵑等。

如果植栽還無法遮掩護岸的話，可考慮設置阻水柵、亂樁、蛇籠等器具看看。

圖②　簡易斜坡作法

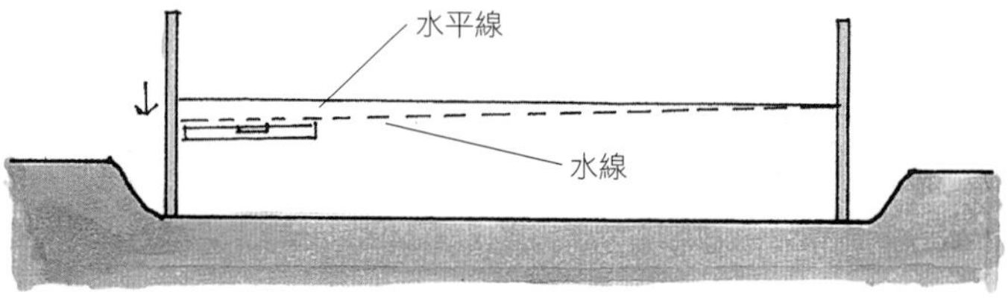

挖好流水的形狀後，在流水中打木樁拉水線。使用水平器製作約3/100的斜坡。

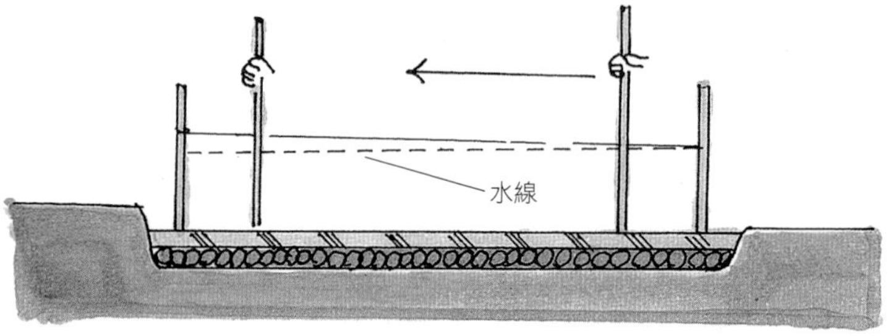

撲栗石或打灰泥時，在木樁上做記號當作簡易量尺。決定好灰泥要打到水線下幾cm，然後在打灰泥時，邊把量尺抵住水線邊抹平，即可沿著水線做好斜坡。

由瀑布、流水、池塘所構成的庭園，要具備實用和造景的添景要素。例如橋也是擔任景色的一部份。

流水中，澤飛石比橋更能融入自然情境。雖只是園路的一部份，但卻非常重視觀賞的感覺和節奏感。

流水的庭園

京都的直治作庭園。整體能感受到一股悠閒氣息。
土橋的高度是絕妙的設計點子。

在庭園設置流水時，為了欣賞水的表情需要下功夫。
要注意和屋簷內的飛石、蹲踞融合成一體。

為了能從室內或涼亭觀賞到雜木林中的小溪流，把小溪流設計成從手水缽落下的水所形成。
（設計/三橋一夫）

以施工者立場來看

●雨停後的枯流

晴天時原本是沒有水在流動的枯流，可設計成下雨天時，不讓雨水直接從排水口流掉，而能通過枯流進行排水。

藉由一點點的巧思來增加無比趣味性，是最值得推薦的。

從瀑布落下的水成為溪流，再形成池塘。
水源的瀑布是由造型強勢的石頭組合。（設計/吉河功）

設在公園的日式庭園流水。
單純明快的款式，給人開朗、清爽的印象。

坪庭、中庭的建造法

建造坪庭和中庭的重點是，為什麼要建造？要明確其目的才行。是為了從各房間眺望庭園，或為了採光，或為了延長起居室等的使用空間等…。

當然這種庭園也需要配合建物款式而採用不同的建造方式。亦即需要對應日式、西洋的建物，決定其建造法和使用法。

而且要想想，這類庭園透過設計後能為生活增添什麼樂趣呢？進而充分活用這類庭園，設法融入生活當中。

從歷史來看，坪庭也被寫成「壺庭」，據說起源於御所。京都民家的中庭形式也稱為坪庭。這是為了有效應用細長形的京都民家內部，在建物中設置空間，以採光和通風為目的，同時也藉此開創生活的寧靜感。故坪庭可說是經歷長久歲月所累積的生活智慧。

■建造坪庭、中庭的實況

●排水務必完善

建造坪庭或中庭時，首要注意的是「排水」。雖然一般庭園也一樣，但因「坪庭、中庭」和建物尤其接近，故更需要謹慎思量。排水若不完善，那麼即使佈置完成植木、下草、鋪礫石等作業，不過一旦下大雨即會淹水，將庭園景觀破壞殆盡。

甚至有時排水管需要通過建物下面，必須在設計建物階段一併確認，故別忘記配管。因這種計畫常被忽略。

●照明的有效利用

上完一天班回家，若能在庭院欣賞到燈光下的樹影輪廓，下草或草坪的綠色，疲憊的情緒必然能一掃而空。故建造庭園時，也別忘記「夜間的庭園」。

白天上班的人，能夠放鬆休息的時候就只有夜間了。所以也要思考庭園是否能提供家人的夜間團聚。或是豎立庭園燈，或是巧妙活用聚光燈，靠改變其位置讓同一庭園每天演出不同表情。庭園加設燈光和水聲，樂趣絕對倍增。

■坪庭、中庭的植栽

會設立坪庭、中庭的場所，多半因為日照條件不佳。因此能使用的樹種也有所限制。高木當然不可使用，因為日照會更差。樹種使用適合日陰或半日陰的種類。如果缺乏土壤栽種，活用盆栽也是好方法。這種把植木視為裝飾品，擺放一段時間即做更換的方法，其實值得認真考慮。

盡量減少植木類，地面覆蓋圓沿階草、紫金牛、富貴草等下草，剩餘的部分則鋪礫石、石

從浴室可以眺望的庭園。空間雖小，卻有在山路散步的幽靜感覺。（設計/三橋一夫）

坪庭、中庭

塊或磁磚等來穩固地面，如此每天的管理就很輕鬆。

建造庭園時，若計畫中未顧及日後的管理，日後當然需要經常打掃。當打掃成為每天生活的一環時，必然厭煩，而庭園也會因缺乏管理而自然荒蕪。

為此，植木的栽植方式別利用太多樹種，頂多以2～3種來統合較清爽。設法在空間中再製造出庭園空間。

■坪庭、中庭的添景物

基本上和一般庭園沒有兩樣。配合場所設置燈籠、庭園燈、雕刻、手水缽等。

但因場所有限，故要以一木、一草、一石的精神來展現灑脫感為要。如果太貪心，什麼都要採用，可能變成雜亂無章的庭園，要注意。

■浴室前的坪庭

浴室裝大玻璃窗，製造開放感是現今的趨勢。能在自宅中邊泡在浴缸，邊欣賞庭園的綠意，可說是至上的幸福。上班的疲憊充分獲得療癒。這種庭園的首要條件是能從浴室看到外部。因此，一般會採用沒有堅硬感的竹籬來遮掩。例如建仁寺籬、御簾籬，以及更豪華的桂籬、竹穗籬等，都相當有風情。

施工時為了方便打掃，一般會加設出入口，但請別太明顯。

雖是浴室的庭園，但卻沒有小區隔，形成一覽無遺的寬闊感中庭。
（設計/三橋一夫）

從固定式玻璃窗眺望的入口正面庭園。利用鋪石做裝飾重點，也穩固地面。
（設計/三橋一夫）

看似靜靜設置在玄關前，卻能為訪客醞釀一股溫馨氣氛。

在鋪白砂的空間栽種杪欏和五月杜鵑。陶器的燈籠是有效的裝飾重點。

以蹲踞為中心，聚集著杪欏、山紅葉、下草，構成韻味十足的空間。（設計/三橋一夫）

巧妙配置石塊，創造優美的造型，並以1棵植木來擔任融合整體的角色。

以岬燈籠為焦點，清爽加以統合，形成能從3面眺望的中庭。

使用七石的一群石組。透過石組來創造空間的感性和穩定感。（設計/吉河功）

擁有東方氣氛的中庭。安定心靈的中庭，有水更有效果。

在水泥磚牆上鋪貼杉皮，並活用竹子構成的野趣庭園。當作裝飾重點的松琴亭形燈籠，典雅穩重。

黃金柏在西班牙風的中庭中顯得十分明亮，成為俯視也很漂亮的款式。

在起居室前設置飛石、植栽、下草、礫石、延段和燈籠等，統合成既實用又明朗的庭園。

兼備通道用的庭園，以鋪石為主，改造成十足新潮的町屋庭園。

茶庭的建造法

■茶道的變遷

說明茶庭之前，請先稍微瞭解茶道的歷史。

茶庭是為了品茶的庭院。茶道、茶室能夠持續發展至今，可見瞭解其歷史也是個重要課題。

茶是在奈良朝時代從中國引進日本的，據說鎌倉時代的僧侶們之間就盛行飲茶的習慣。而且經常和禪僧接觸的武家之間也隨之開始流行。到了足利時代，這種習慣在武家階級更加流行，而且趨向奢華、遊戲化。這個時代經常舉辦盛大茶會，日後的茶會型態也是從此際慢慢成型的。

後來又出現了反對這種奢華風潮，想創作草庵式恬靜茶道的茶人們珠光、紹鷗等人。傳承其精神的人是千利休。利休是織田信長的家臣，後來也當豐臣秀吉的家臣。他對抗桃山時代豪華絢爛的文化，在簡樸中確立恬靜、幽雅的世界。結果茶道變成不僅是飲茶的禮節，也成了精神修養的地方，並進一步成為該時代最高文化的象徵。

隨著茶道的發展，茶庭和茶室一起逐漸形成一種藝術。

■何謂茶庭

茶庭又稱為「露地」。露地以佛教的說法是指「超越煩惱、俗塵的理想境界」。由於是清靜世界，故建造茶庭時，必須有猶如行走深山路徑的感覺。讓心靈在從露地步行到茶室途中，能完成喝茶的準備。

茶庭是前往茶室的路徑，故要以實用為本位，以方便使用為主軸。為此，施工的造園師或庭園師，也應一定程度地瞭解茶道。

■茶庭的規則

茶道上有許許多多的規則。這些規則是長久以來，茶人精心研究的結果，並以如何使用才方便下規定其大小和建造方式，故必須邊忠實遵守，邊添加自己的功夫來建造。所以說，施工者本身必須瞭解茶道上的知識。

規定的項目繁多，舉例如下。

●踏石的配製法

設置在茶室矮門口前的踏石，在尺寸上有所規定。距離茶室壁面的間隔約8吋（約24cm）。比起一般住宅的踏脫石，這個間隔較寬一些。因為實際的茶道，是在蹲踞使用手水後，沿著飛石走到茶室矮門口，然後蹲在踏石上拉開門。此際，鋪石和踏石若間隔太窄，膝

飛石與延段所構成的線條，可以呈現帶有品味的美感。

蓋將無法充分彎曲。因此考慮客人能夠蹲在踏石中央，彎曲膝蓋的空間當作此間隔，如此不僅容易進入茶室，門檻也剛好和膝等高。

●蹲踞周圍的役石

我們目前的住宅庭園，蹲踞通常是為了幫庭園添景而設，其實是從茶庭取材的。蹲踞的周圍有所謂手燭石、湯桶石、前石等的配角石，各擁有其作用。

呈現恬靜的姿態，感受得到沉著與穩重的茶趣。

前石是讓人站在此使用手水的石塊，所以會使用比飛石大又穩定的石塊，並設置在較高的位置上。從前石的中心到手水缽的中心大約距離2尺5寸（75cm）～2尺8寸（84cm）。這樣的距離可以說是站在前石上拿取柄杓的最佳距離。

手燭石是夜間茶道時，用來放置手燭的石塊。最近役石已流為形式，有名無實，但若果真要使用，則請瞭解尺寸。為了擺放手燭，需要有約1尺（30cm）的平坦部分，否則無法容納手燭的柄和足。

湯桶石則是嚴冬茶道為了擺放裝熱水的水桶用的石塊。由於水桶約直徑1尺（30cm），故石塊必須擁有能穩固擺放水桶的平坦表面。

至於手燭石、湯桶石是應配置在右側或左側呢？會因流派而異，不過通常湯桶石設在右側，手燭石設在其較低的位置。

●蹲踞周圍的植栽配置

進行茶道時，客人會特意穿著，當然也會小心以免弄髒。例如在前石使用手水時需要蹲下，此際若接觸到栽植在其周圍的植木就可能髒污。所以設計住宅庭園的景色雖可栽植下草類，但使用在茶道時則應避免。

這些都是茶庭上有關茶道的規則，施工者務必瞭解並給予尊重。否則建好的茶庭會變成無用武之地。

■茶庭的構成要素

●飛石

茶庭中常使用飛石。首要條件要方便行走。然而露地內佈滿飛石也毫無美感可言，故請組合鋪石、延段來取得變化。並摻雜使用大、中、小的飛石製造節奏感。同時在茶室矮門口附近，距離本道2～3塊石塊處設置「額見石」，這是觀賞茶室匾額用的石塊。另外為了人多時方便在飛石上來往，可設置「踏外石」。

●蹲踞

蹲踞是進入茶室前，用來淨身、做心理準備的重要場所。因存在於露地中心，故雖無硬性規定，但最好使用優質品。設置場所約距離矮門口約10步左右。

蹲踞的形式分為中缽形式和向缽形式。中缽形式是以觀賞手水缽姿態為目的。亦即，使用古代石造美術品打水洞做成的手水缽情形。相反的，使用自然石做成手水缽，把漂亮側朝向正面的情形就是向缽形式（圖①）。

配置方式是手水缽朝正面，前石在其正對面，然後在前石右側較高處設置湯桶石，左側比湯桶石高的位置設置手燭石，至於手水缽則要略低於前石。但湯桶石和手燭石的配置方向，也有相反主張的流派。

●燈籠

燈籠原本目的在於照明，設置在蹲踞或茶室矮門口使用。但最近和蹲踞一樣，已難以購買

圖① 蹲踞的形式

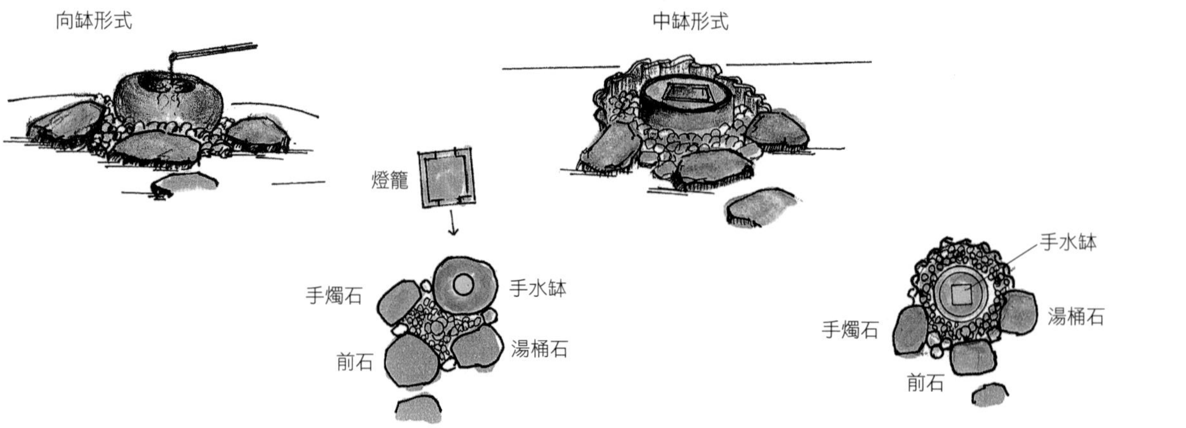

到優質產物。但仍要選擇裝飾少、品質好的種類。

除了實用上外，以景趣而言，蹲踞周圍還是設置燈籠才完善。設置的面向，以原本使用的那側為主。亦即把火袋的火口朝向蹲踞方向。若設置在飛石附近，則把火口朝向踏分石，照亮腳下位置。

至於要在蹲踞的左右哪一側，則先考慮和役石的平衡，對應當場情況，以整體型態的美觀來決定。設置在露地時，則適合安排在樹陰處，以隱隱約約的風情來醞釀露地景色的深奧內涵。

茶庭裡的燈籠，使用柚木形、西屋形、導明寺形、織部形、六地藏形等較適合。請避免使用雕刻多，或者稱為化燈籠的自然石。

● 塵穴

塵穴是設置在茶室矮門口用來丟落葉的洞，現在已非實用而是露地的裝飾罷了。形狀眾多，但用在茶道時，會特意裝入綠葉增添趣味。

● 竹籬

竹籬是露地不可或缺的元素。一般會在中門附近設置四目籬。但茶庭用的竹籬，配合喜好通常用有些壞損較有味道。但建造竹籬時，無論使用竹子、圓木，切口都要俐落、美觀、鮮明。這是施工者為雇主展現的待客誠意，也可說是視覺上的「饗宴」。金閣寺籬、鐵砲籬、光悅寺籬、建仁寺籬、大津籬、桂籬等都是茶庭常用的種類。也是對應場所下功夫創作出來的竹籬。

● 雪隱、刀掛

雪隱就是廁所，但現在並不用來使用，只是露地景色之一罷了。刀掛現實上也不使用，故有時會省略。

● 腰掛待合（坐下等待）

用來坐下等待主人招呼茶室準備好了的建物。設置主客、次客、末客用的飛石或疊石。客人在等待的時間，可眺望露地，細細品味舉辦茶會的主人對庭園佈置的用心。

● 中門

中門是設置在露地內、外之間的門。用來招呼迎接客人的地方。簡易型是使用竹的枝折戶（柴扉）。

■茶庭的植栽

前文提過，露地要有如行走山路的風情才好。所以會讓露地五花十色的花木要避免。另外，要點香的場合，也要禁用香味強的花。

茶庭常用的樹木、下草、地貝類如下。

常綠樹＝赤松、柳杉、榧、米櫧、竹類、檜木、花柏、杉、野山茶、茶梅、厚皮香。

落葉樹＝小枹、姬杪欏、山紅葉、杪欏、四照花、山櫨、山櫻樹等。

下草類＝紫萼、吉祥草、蝴蝶花、紫金牛、富貴草、春蘭、六月菊、金線草、石竹、鳶尾、樓斗菜、箬竹類、楊桐、馬醉木、蕨類等。

地被類＝杉苔、地苔等。

何謂茶庭的恬靜、幽雅

建造庭園的人，是否能充分感受和理解何謂茶庭的恬靜、幽雅呢？

片桐石州說：「人工的恬靜並非恬靜，天作的恬靜才是真正的恬靜」。這正意味人工刻意製造的恬靜感並非真正的恬靜，需要天然自然的恬靜才算是真正的恬靜。然而，也非天然自然的產物就能構成恬靜感。還需要藉由造園者或茶人的創意手法才能發揮。只是此際的手法必須含蓄不誇張才行。所以在此指稱的天作恬靜，其實是指施工者以自然的手法，毫無做作下所創作的恬靜風情。

現代如何應用茶庭

現在我們所看見的或所建造的庭園，都採用了許多茶庭的構成元素。例如飛石、燈籠、蹲踞、延段、竹籬等。這些從茶庭發展出來的產物，已普遍存在於現代的住宅庭園裡。

我認為把茶庭應用在現代生活，未必要遵守傳統。

例如蹲踞周圍需要配置役石、燈籠、手水缽構成一個景，故現在可以此為基本，省略手燭石、湯桶石，改用人工切石，設計成吻合現代感的款式也很有趣。今後，如何把茶庭風味融入個人生活中，也成為庭園造景上的課題。

背景的竹籬發揮添景效果，能感受純樸的氣氛。

建造茶庭的注意事項

剛才提過，茶庭在建造上有所謂的規則，但我認為現在建造茶庭也應如先人般，邊對應當場狀況，邊依據自己喜好下功夫，展現自我風格才對。

茶道是主人熱心待客，客人誠心感謝，一起喝茶的行事。而茶庭是前往茶道之前，穩定心神做好準備的過程。

故建造茶庭時，首先自己要先學習茶道。接著參觀現在知名的茶席，可能的話，實際走訪看看，或者測量尺寸瞭解使用實況。茶室或蹲踞的位置變化多端。請觀察如何創作。同時好好欣賞被使用的蹲踞或燈籠等的石造美術品，培養自己的審美觀。

腰掛待合附近的風情。進入茶室前，坐在這裡平和心境，品味庭園樂趣。

茶庭

茶室矮門口前的景色。外觀美麗又實用的庭園才是露地的條件。
呈現幽深的風味和格調。（設計/三橋一夫）

使用方便的蹲踞結構。厚重有趣的手水缽設置在本景的中心。

考究的素材散發著本身具有的風味，隨著四季庭園的變化，增添茶道的樂趣。

喝一碗茶之前，先欣賞茶室的景色。這是由紅葉、松樹、蕨類、苔等構成的庭園。

四周環繞高木，給人明亮印象的茶庭。

使用在露地的小門種類之一。用懸空的竹子形成的揚簣戶景緻。也常見使用枝折戶（柴扉）的例子。

客人到達茶室矮門口之前，帶著接受庭主招待的興奮心情，邊環顧四周，邊在露地行走。

為了緩和訪客的心情，把從門到玄關的通道做成看似外露地，形成茶庭的一環。（設計/三橋一夫）

門周圍的建造法

■門的位置要設在哪裡

門應該設置在哪裡，會依建地或建物的配置而有所不同。可從道路直接進入的門，感覺上並不好。從道路進入用地，之後再到達門的方式不僅感覺較為從容，實用上也較方便出入。門周圍可當寒暄場地，故盡可能在有限範圍內挪出空間。

而且，從玄關觀看門時，其實和居家重要部分的「通道」有著重要關連，故務必慎重計畫。走到玄關之前，能邊走邊慢慢欣賞通道庭園雖是至高理想，但目前的住宅卻難以辦到。不過記住這個基本，自己下些功夫看看。也可參考鄰居們的門。

至於所謂的基本是指門和玄關避免並列在一直線上。打開玄關時，能從門直接看到屋內是種禁忌。

為此，設計上可採用植栽等來美化通道，但也可能缺乏這樣的空間。此際，請把門配置在和玄關形成L字形的位置。具體的例子請參考96頁的通道圖②。

另外也別忽略最近流行的腳踏車、汽車。以兼備停車場的方式決定門的位置。

總之，決定門的位置時有以下重點。

①和建物、環境條件取得協調
②和附近的關係
③通風和日照的問題
④使用的方便度　等。

除此之外還有一點需要注意的是，與鄰地或道路之間的地界問題。關於鄰地方面，請會同地主、業主三方面進行確認之後，再開始施工為宜。請避免施工開始之後，才要修正的情況發生。地界發生問題的話，後續會有許多令人不愉快的糾紛產生。

■有關門的款式

和建物款式有日式、西洋的分別一樣，門當然也有日式、西洋的區別。雖然最近的住宅多半傾向西洋化，但成本高又不易建造的日式建物，其強勢人氣卻也屹立不搖。

門的形式，一般住宅是使用茶室門。現在有能在現場組裝的木製種類。也有鋁製的現成品。若不喜歡太華麗，可以不計款式，著重素材來表現日式。風格實例請參照圖①。

■門周圍的素材

構成門的材料分日式、西洋。

日式的情況—有大谷石的切石、大谷型化妝水泥磚、自然石、水泥磚地面（鋪石、鋪日式磁磚、刮紋彩色水泥塗料、噴塗加工）、木製等。

西洋的情況—砌化妝水泥磚、砌紅磚、打混凝土、鋪磁磚、噴塗修飾。

至於決定使用哪一種素材，首先如前所說，都要搭配建物款式和外觀。其次是費用的問題。並非價格高就高級，最重要的還是和建物搭配得宜。最近雖推出眾多新材料，不過也要確認耐用度才保險，想馬上採用新製品的心態並不好。或許有些廠商的製品還是試驗階段，要注意。

以施工者立場來看

●門並非必要品

在美國、歐洲的住宅區，常可見到前庭寬大，沒有門的住宅。但日本是傾向無論住宅多小都有門。其實果真缺乏裝門、裝門扉的空間時，與其勉強裝置產生擁擠感，不如不設門，活用樓梯、花壇構成看看。我認為以開放方式，方便讓客人進來的家，其明亮感將是一大魅力。

■門周圍的植栽、添景物

有關門周圍的植栽，若比門高且大，那麼景觀上、外型上都不雅。應採用能襯托門的植栽。可能的話，請如同要把客人誘導入門內一

圖① 不同素材形成的門周圍變化

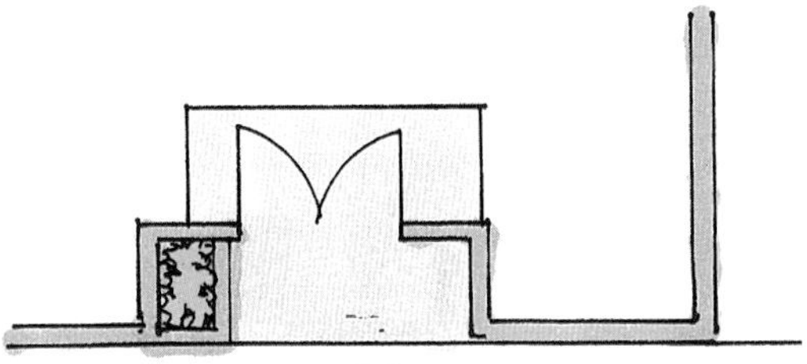

平面圖

使用左平面圖，以不同的素材來設計日式、西洋的門周圍。要選擇哪一種門周圍，請配合建物的款式來決定。

做成日式的例子

牆壁底面是水泥磚，牆面是刮紋彩色水泥塗料，上面蓋瓦，幅木和地板則隨意鋪鐵平石或丹波石。

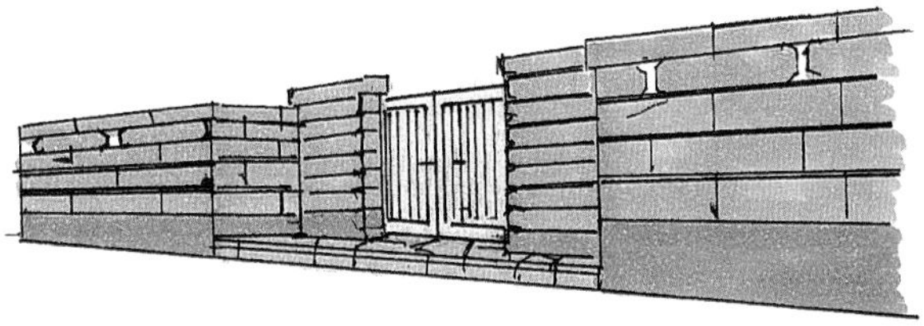

牆壁砌大谷型化妝水泥磚，門柱使用平門柱，地板則鋪鐵平石或丹波石。

牆壁底面是水泥磚，牆面是刮紋彩色水泥塗料，幅木和地板則隨意鋪丹波石。

做成西洋的例子

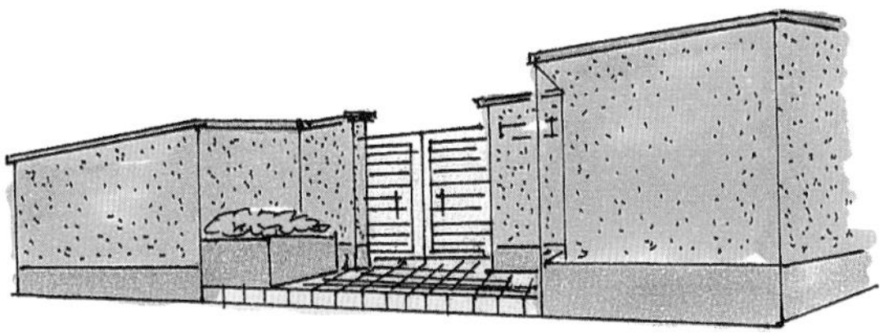

牆壁底面是水泥磚，牆面是噴塗加工，地板鋪磁磚。

牆壁底面是水泥磚，牆面鋪磁磚修飾，門扉使用有厚重感的鋁鑄物。

牆壁是砌小塊的鐵平石或秩父青石，地板則鋪方形的鐵平石。

般，採用和內側相同的素材。有些門內擺放景石等的大物品，但這不一定是上品之作。其實門周圍的添景物應視為通道的一部分來思考。有時門外道路側設置花壇或植栽槽，此際的添景物，應配合門的款式設置路標般的簡單石造物或者真實的照明為宜。

用砌石的圍牆來表現厚重感，到達玄關之前的庭園令人期待。
（設計/橫山英悦）

地方色彩濃厚的大門結構，左側設置車庫。地面毫無做作地鋪裝大塊的鐵平石。
（設計/三橋一夫）

門的周圍

從茶室屋門看通道的情形。在車庫壁面設置桂籬，有統合景觀、提升格調的效果。
（設計/三橋一夫）

門前的柳杉連接著庭中的柳杉，有效地讓景色從內延續到外。
（設計/三橋一夫）

感覺新潮的門搭配石灰加工的圍牆和貼石的幅木，又點綴庭石、植栽所構成的門前景緻。
（設計/三橋一夫）

統合成清爽感的門周圍。紅葉、青楓最適合演出茶室屋的風情。（設計/三橋一夫）

華麗十足的寬大茶室屋門。和建物屋簷線條的重疊非常美麗，也別具風格。
（設計/三橋一夫）

通道的建造法

從門走到玄關的路徑稱為「通道」。對造園師來說，通道是意義和主庭不同的重要部分。是否能在狹小的空間展露自己風格，需要煞費苦心。完成後的景觀將成為屋主嗜好、品味和教養等的代表。

建造通道首要條件是和建物取得協調。造園師務必消化建築師的意圖，並努力加以彰顯。讓客人能邊觀賞通道風景，邊被引導到玄關。

■通道的形式

通道的形式，基本上要能表現景深。雖然會受到建地、建物的影響，但從門一直線到達玄關，能一眼看穿的方式最乏味。應邊製造景深，邊發揮道路的用途，構成一個景點。

從道路到玄關的距離、高低差，其設計方式多采多姿，但最重要的是別忘記實用本位，亦即方便行走的問題。若只注重形式而忽略原本「用來行走」的目的，就本末倒置了。

想採用階梯形式時，理想的高度約18cm，踏面約30～40cm。因各階落差不大，故能邊走邊觀賞景色。

■通道的修飾

地面的修飾必須牢固，而且還要便利掃除。

通道最重要的部分在於行走。而這部分可採用如下素材。

①鋪礫石（鏽色礫石，伊勢礫石等）
②鋪平板（紅磚、磁磚等）
③鋪石（花剛石、大谷石、玉石等）
④貼石（鐵平石、丹波石、玄昌石等）
⑤延段、砌石（丹波石、木曾石、小圓石等）
⑥木製磚、瓦、碎石子

無論採用哪種素材，首先和建物取得協調，同時務必牢固、方便行走。

有訪客時，為方便迅速打掃，請在通道內設置自來水和排水設備。

■通道的植栽

能栽種在通道的植物並無限制，但因通道多

圖①　門周圍景觀會因素材不同而異

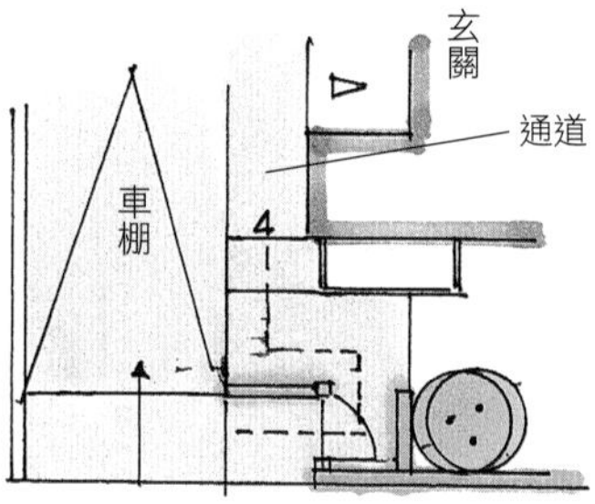

避免能從門一眼看穿到玄關，讓通道有些蜿蜒為宜。

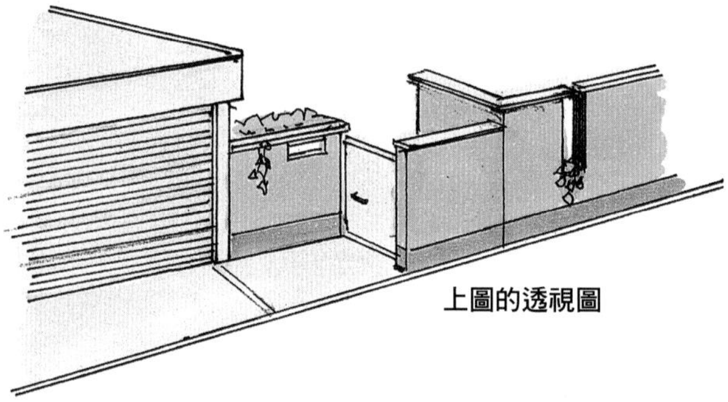

上圖的透視圖

圖②　能從門一眼看穿到玄關時

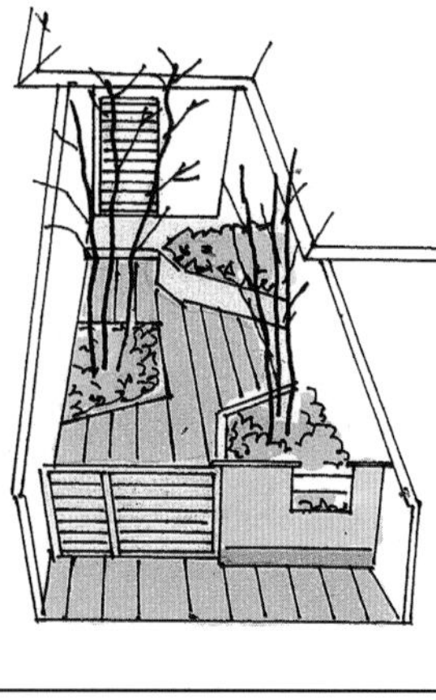

從門到玄關若呈一直線時，可配置植栽，避免一眼看穿，也能增加通道趣味。

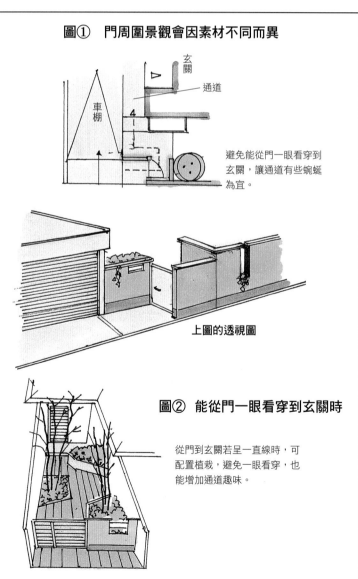

半狹小，故種植低木比高木適宜。以低木為主時，可用較多的量來統一栽種。但與其使用眾多樹種，不如最多以1～2種類加以合植，這樣完成後的景觀較為清爽宜人。

一般玄關的日照條件都較差，故使用的樹種要偏向陰樹。

常使用在通道的樹種包括桃葉珊瑚木、柃木、馬醉木、隱蓑、枸骨、南天、車輪梅、八角金盤、箬竹、紫金牛、圓沿階草、苔、蕨類、雜木類等。

■通道的添景物

從門到玄關之間的通道，可設置如下的添景物。

●燈籠、庭園燈

燈籠別太大，能自然擺放在樹蔭下程度即可。形狀依各人喜好，不過以織部形、柚木形、導明寺形、西屋形等裝飾少、簡潔俐落的為宜。最近流行的化燈籠或雕刻多的種類，令人質疑主人的審美眼光，請儘量避免。

實用型的燈籠就等同庭園燈。分日式、西洋兩種款式，請配合建物選擇。

設置庭園燈時的重點在於「高度」。邊考慮和其他素材平衡，邊儘量壓低，避免讓庭園燈過度醒目。

●蹲踞、井筒

在通道角落設置手水缽，也有點綴景觀的效果。一般住宅採用簡略佈置就足夠。水能流動更有效果。

●其他的石造美術品

以西洋而言，可用雕刻、紀念物、優美的花缽等。日式可用層塔、石佛、路標等。而景石或花壇也可視為一種添景物。

巧妙配置以上的添景物，把通道佈置出自己的感覺。

圖③ 通道和車棚並列時

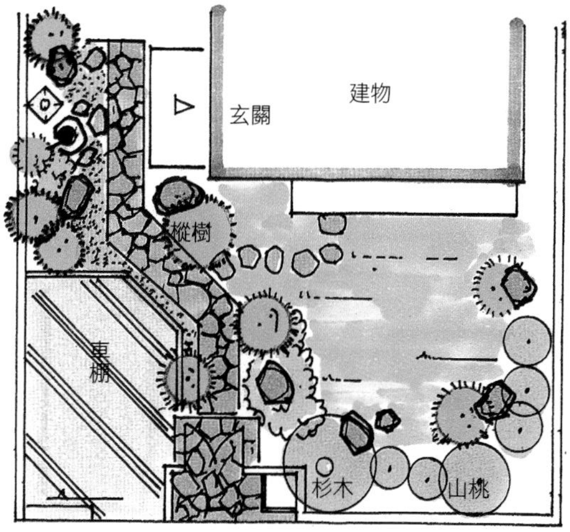

通道和車棚並列時，別把車棚兼當門用，必須另外設置才能提升住宅格調。

圖④ 通道和車棚分開時

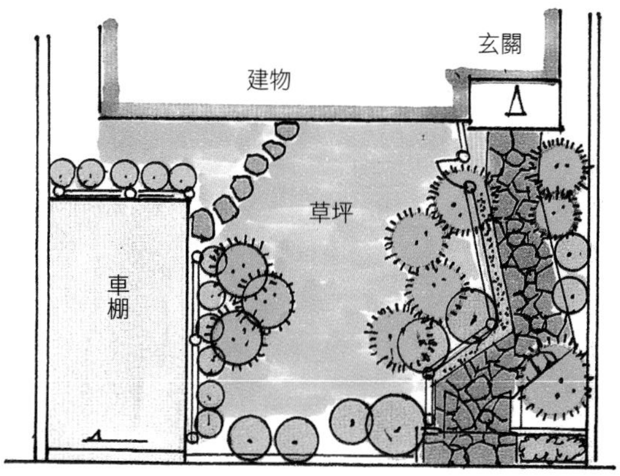

以施工者立場來看

●通道的自來水設備

通道內的自來水設備採用直立式水泥柱為宜。雖然灑水栓隱藏在地中較方便，但收拾水管或排水上卻不方便。有時因訪客需要趕忙打掃時，仍以方便使用的直立式設計較理想，同時利用植木巧妙掩飾。另外為了排水或灑水時不會導致土壤流失，也請確實做好固土作業。

改造的通道。在既存的鋪石邊加鋪緣石，製造格式感。拆掉植栽，改用青楓、山葵來營造清爽感。（設計/三橋一夫）

邊細心處理高低差，邊延續到玄關。完成面是在鏽色礫石的洗石子上散落鋪裝花崗石。（設計/三橋一夫）

通道

鋪裝大塊花崗岩的通道。雖然狹窄，但卻下功夫講究種種的趣味性。（設計/三橋一夫）

入門的正面組合景石，階梯途中設置蹲踞。夜間的照明也很美，形成趣味性十足的庭園。（設計/三橋一夫）

從玄關眺望門的景象。住宅的庭園，景色和實用取得協調是非常重要的。（設計/三橋一夫）

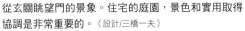

流水從大塊花崗岩和丹波石建造的通道下橫切流過，形成充滿嬉遊之心的景緻。
（設計/三橋一夫）

和玄關搭配得宜的通道，依季節會流露不同表情與趣味，令人期待每次的演出。
（設計/三橋一夫）

通道的魅力在於讓人懷著期待感走到入口的演出。故要在重點處設置照明或燈籠等添景物。

通道右轉才能到達玄關。圍牆地面用砌石統合，然後配置植栽。手水缽成為美麗的添景物。（設計/三橋一夫）

以用心完成的貼石為重點，和植木、下草、竹籬等構成一體，加深風味。
（設計/三橋一夫）

車棚的建造法

車棚會因用地條件，亦即寬度、道路高低差、玄關位置等的不同，使設計千差萬別。以現代生活而言，車棚是不可或缺的。至於建造怎樣的車棚，則由和建地、建物的關係而定。雖有因建地窄小而把停車場兼當門用的情形，但盡可能把門和車棚分開設置為宜。以住宅格調而言，這有很大差異。

若是難以分開設置時，則研究組合方式。例如把車棚的折疊式拉門兼當門用時，難免有些不雅，故把門設在較內側一般，在設計、款式上需要多加考究。

■車棚的設置方式

前文提過，如何設置車棚會因建地、建物狀態而異。若玄關在北側，那麼通道到玄關之間會缺乏足夠的距離，導致建物和車棚相連一起。故為了避免車子撞倒建物，要有擋車設施。同時避免廢氣燻黑外牆，用水泥磚作外牆。

若玄關在南側，由於會削減重要庭園的一部份，必須規劃妥善，儘量避免浪費空間。

■車棚的大小

目前一般車棚的尺寸是門寬3m、縱深5．5～6m。但會因前面道路的寬度而異。如果前面道路狹窄，門就需加寬（圖②）。

除了汽車，也請考慮腳踏車。空間許可的話，也需設置家人的腳踏車置放場。

和道路平行設置時，需要門寬7m、縱深2．5m才夠。這樣的設計在用地使用上可能超乎想像，不過卻有開放感，且依據建物款式，也有不設置門扉的例子。（圖③）

但無論如何，若和道路產生高低差的話，為了方便車子出入務必挖低。工程上當然費錢又費事，故在規劃建築的同時，也要顧及車棚的設計。

■設計車棚應注意的事項

站在實際施工的立場而言，希望建築相關業者務必注意的一點是，車庫是不可或缺的現實問題，務必連同建物一起規劃，考慮上下水、瓦斯的需要進行配線、配管。若沒有這樣的規劃，到了想設置車棚的階段，即會發生必須移動排水槽、自來水管等的麻煩事。何況，考慮周詳一些也能幫雇主減少支出。

另一個考慮重點是車棚並非隨時有車停放，故還要顧及沒車時如何和建物取得協調。

通常車棚多半和玄關、通道連接，故這些地方應有共通的部分，避免玄關是玄關，車棚是車棚般單純做區隔。例如在車棚通道的某部分，使用和玄關相同的磁磚等來營造一體感，或者連接露台等，進行全面性地考量。

車棚的門扉一般使用折疊式拉門。這種形式因橫拉，所以不會使用多餘的用地，十分便利。但用地侷限時，也可拉鍊條或做成開放式。若想設置推門，則要朝道路側推開。此際必須減少門片的寬度。車子進出的時間雖然短暫，但仍要留意門片的開閉，避免妨礙通行。

圖⑤　和道路有高低差的車棚

若車棚和道路高低差有1～2m之多時，工程規模較大，必須考慮到鄰居狀態。

圖① 住宅的門和車棚的門分開設置的例子（單位mm）

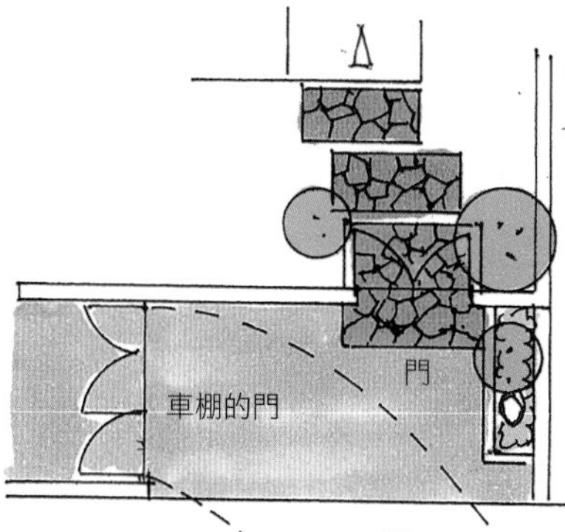

平面圖

左圖的透視圖

圖② 一般的車棚空間

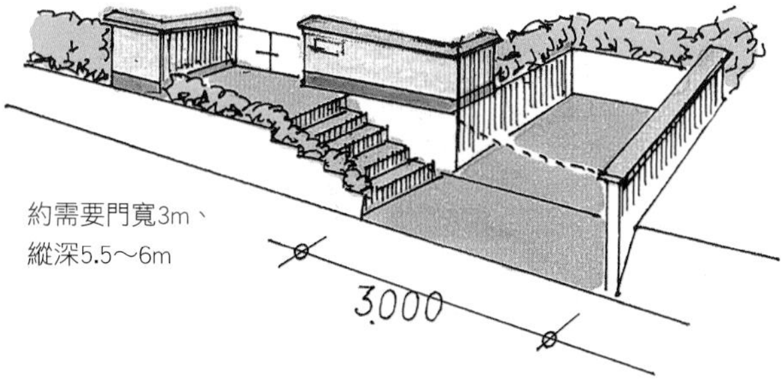

約需要門寬3m、縱深5.5～6m

圖③ 和道路平行的車棚空間

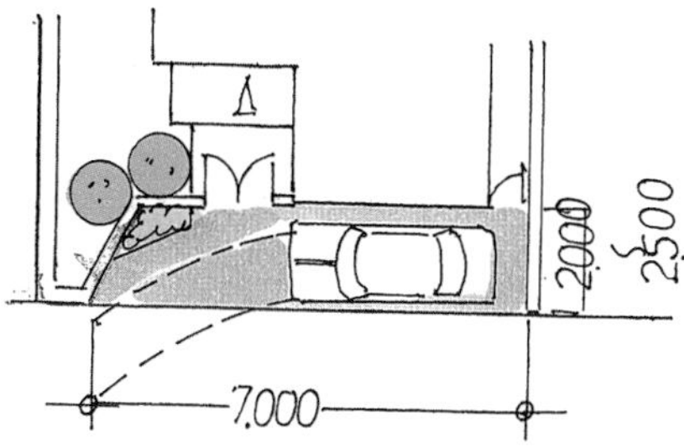

約需要門寬7m、縱深2～2.5m。

圖④ 車棚兼通道的例子

平面圖

左圖的透視圖

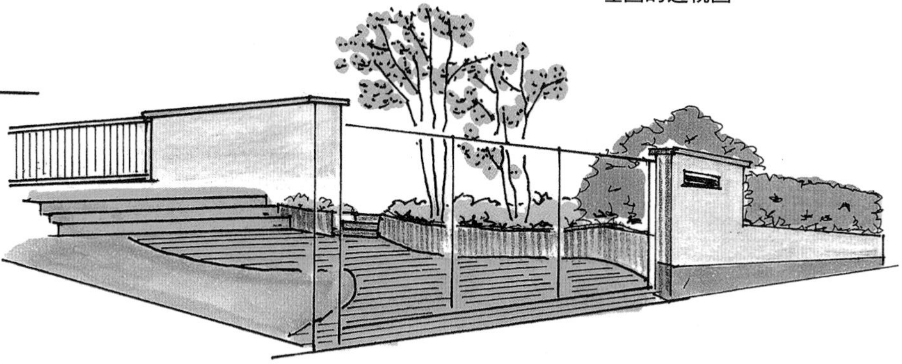

車棚的通道部分貼與玄關相同的磁磚，讓通道部分不僅清晰可見，也和玄關演出一體感。

建物的一切都以日式為基調加以統合的例子。統一車庫入口和門的款式，營造寬闊感。

和建物一體化，造型又時髦的車棚非常漂亮。機能性也優越。

可看出作者技巧的砌石，散發著一股強勢氣氛，似乎在展露住宅主人的高度審美感。

停車空間不充裕時，設計上以兼當通道方式下功夫。
（設計/三橋一夫）

車棚

在有限的條件下，無論門牆、車庫都在機能上、造型上設計出清爽美感。

在用地一角做成開放式停車空間。地面散落鋪裝既存的大谷石當作裝飾重點。植栽的是棒狀橡樹。
（設計/三橋一夫）

家裡普遍有2台車的現代，如何確保停車空間，設計什麼款式已成了重要課題。
（設計/三橋一夫）

充分活用用地，考慮能多放幾部車的外構設計，整體外觀要有統合感。

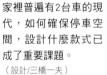

屋頂庭園的建造法

我們居住的地球自然環境，其破壞速度正和急遽的經濟發展齊頭並進中。都市隨著人口增加、規模擴大，空調機器和車輛的使用也驟增，從這些釋放的高溫排氣和二氧化碳等，也引起都市氣溫上昇的所謂「熱島（heat island）效應」。

結果，逐漸發生過去未曾有過的種種現象。例如，空調使用過多的夏季，會持續多日的異常高溫，或者蜻蜓、螢火蟲、鰷魚等小動物減少的生態異變等。

以全球觀點來看，則容易發生持續性大雨、大型颱風或者颶風，而且南極、北極開始溶冰，海水水位變高。由於如此，將來被淹沒的國土會增多，可能危及人類的生存。

■大廈屋頂綠化的推廣

為了減少自然環境的破壞甚至恢復原狀，有所謂在林立都市的大廈屋頂進行綠化的方法。且為了實現這個方法，已有眾多機關、企業正著手研究開發屋頂綠化技術、素材以及可種植的植物等，等實用化後，街道的綠化將大幅增加。

大廈屋頂加以綠化後會有如下的效果。

①降低建物的室內溫度

在屋頂鋪草皮、配置植栽，夏季室內溫度約可降低3℃。結果，可減少使用空調的電力消費量，獲得節省能源、節省資源的效果。

②吸收二氧化碳

屋頂的植物會吸收釋放在空氣中的二氧化碳和氮氣等有害物質。進而獲得緩和暖化、淨化空氣的效果。

③保護建物

因屋頂上有植物，故可防範紫外線引起的劣化，或者酸雨性的腐蝕、鋼筋的氧化等，可期待保護建物的效果。

圖①　用專用托盤的屋頂綠化

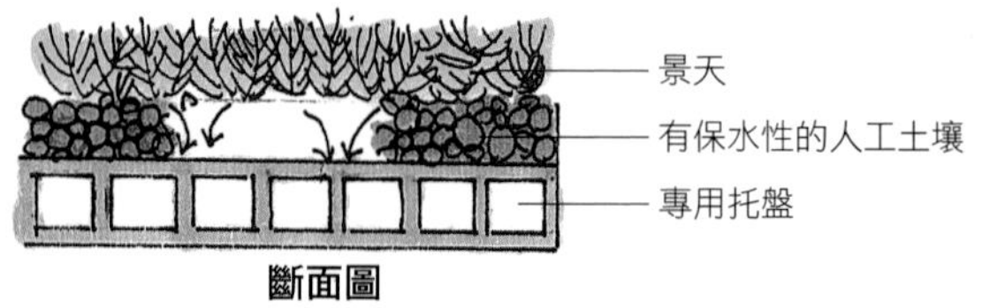
景天
有保水性的人工土壤
專用托盤
斷面圖

屋頂綠化常使用耐乾燥的景天。
像這樣的簡便製品也被開發。

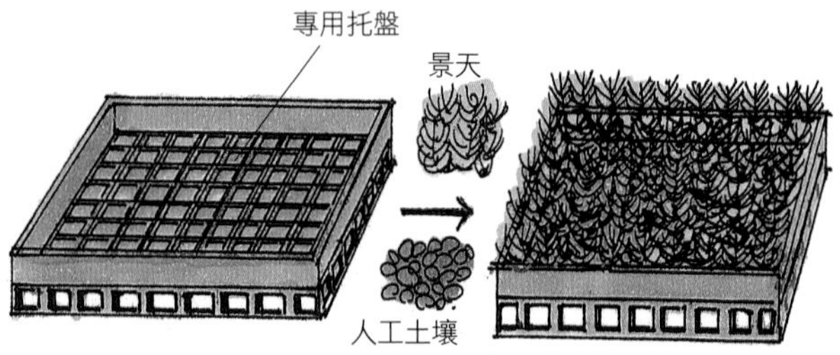
專用托盤
景天
人工土壤

把人工土壤放入托盤，栽植景天，即可完成套件。

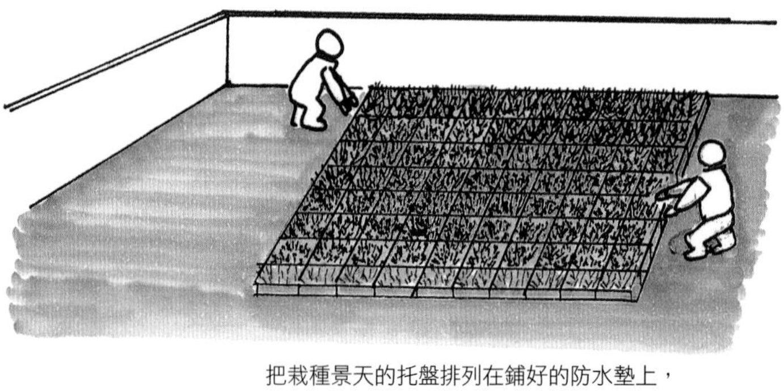

把栽種景天的托盤排列在鋪好的防水墊上，
用鉤子加以連結即可輕鬆實現屋頂的綠化。

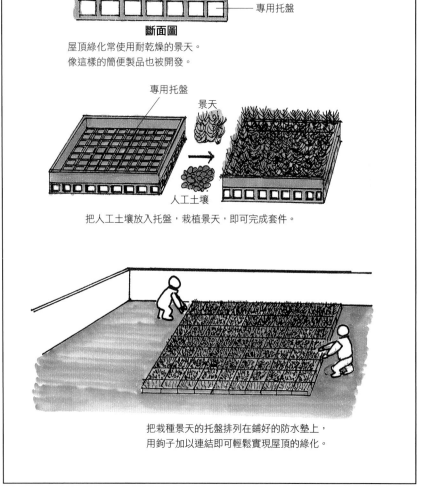

④降低噪音

植物會吸收聲音，讓街道更安靜。故若除了屋頂上外，壁面也一併綠化的話，將能創作更優美、安靜的環境。最適合醫院、學校、辦公街周邊的環境。

⑤成為休憩場所

觀賞綠色會帶給人精神安定感，獲得放鬆、解除壓力的效果。故綠化的屋頂可有效利用為生活休憩場所。

■適合屋頂庭園的植物

屋頂上的日照良好，可說是有益植物成長的環境，但相反的，也有容易受風影響變乾燥的缺點，故要選擇較耐乾燥的植物。常用的種類有地被植物的草坪、圓沿階草，以及和仙人掌同屬多肉植物的景天等。

最近隨著技術進步，已開發出優質的人工土壤，連高木也可栽種。但選用植木時，仍須謹慎小心。像怕強烈日照的杪欏、花瑞木等要避免，馬醉木、瑞香等陰樹也要排除。

現在有許多企業正在進行技術和商品的開發。如圖①的托盤就可輕鬆靠景天進行綠化。先在專用托盤裡鋪火山礫等輕量土壤，栽植景天，然後排列在防水墊上，分別用鉤子連結，即可實現屋頂的全面綠化。此系統因技術簡單，故具有能在短時間內綠化屋頂的優點。

■屋頂庭園的建造要和建築規劃並行

建造屋頂庭園的狀況有如下２種。

①和建築規劃並行，同時設計屋頂庭園，進而考量需要的荷重、排水、防水、澆水等設備。

②由於屋頂上有空間，才想建造屋頂庭園。

後者的狀況，對造園師來說是非常麻煩的，但現實上卻多半是這樣的例子。故我希望建主、建築師們，若有在屋頂設置綠地的計畫，務必在基礎設計的階段，就邀請造園師參與。如此較能避免日後發生「這樣的期望難以實現」、「無法做到」的狀況，或者擔心漏水的問題。

圖② 屋頂庭園的防水對策和綠化系統

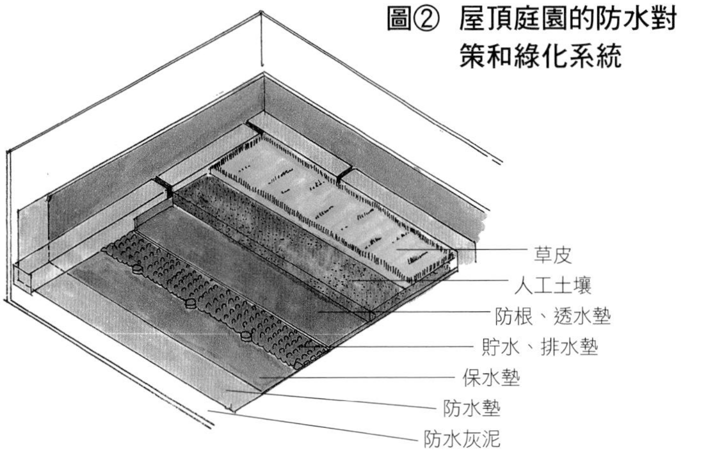
草皮
人工土壤
防根、透水墊
貯水、排水墊
保水墊
防水墊
防水灰泥

圖③ 重物要放在樑上

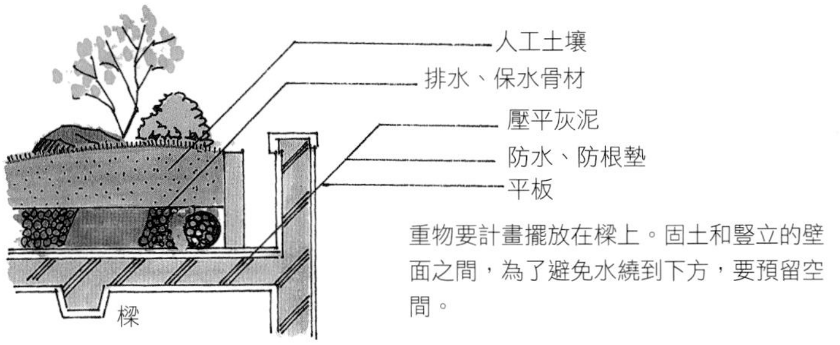
人工土壤
排水、保水骨材
壓平灰泥
防水、防根墊
平板
樑

重物要計畫擺放在樑上。固土和豎立的壁面之間，為了避免水繞到下方，要預留空間。

圖④ 栽植高木的情形

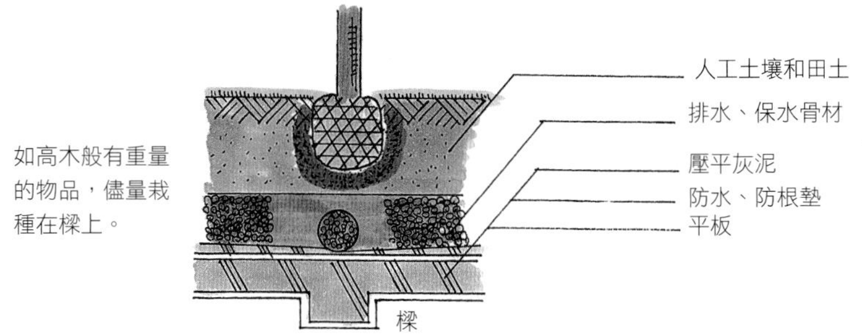
人工土壤和田土
排水、保水骨材
壓平灰泥
防水、防根墊
平板
樑

如高木般有重量的物品，儘量栽種在樑上。

■屋頂庭園的荷重對策（圖③、圖④）

屋頂庭園的造園，當然和平地造園不同。同樣使用石塊、植木，但會受建物強度限制。植栽和盛土量、荷重問題都有密切關係。例如栽植草坪或五月杜鵑以約30cm為限，這時候的耐荷重是1㎡需要500kg。相對的，使用高木或石組等時，盛土需要50～60cm，這時候的耐荷重是1㎡需要1000kg。

雖然樑多的結構，承受重量也較好，可是建物也有規章，不可為此多作要求。若想減輕荷重，可減少客土量，調土上混合多孔質的土壤改良劑。這種土壤改良劑不僅能實現人工地盤土壤的輕量化，也有促進「透水性」「保水性」的效果。至於土壤改良劑是包括珍珠岩、珍珠砂、蛭石、泥煤苔和樹皮片堆肥等。

石塊現在也有塑膠製品，但不值得推薦。請使用多孔質石（新島產的水孔石）般的輕石，不僅容易長苔，也方便搬運。

■屋頂庭園的防水對策

屋頂平板（slab）部分的防水對策理應屬於建築部分，但以造園設計者而言，為能順利排水，儘量避免積水，會在平板的水泥地上塗抹壓平灰泥，鋪防水墊製作防水層。而且防水層要做到豎立的壁面為止。

以計畫建造屋頂庭園的人而言，重視防水的程度應大於荷重，若無法保證沒有問題，就不可輕易接受工程。因日後若發生漏水事件，會衍生該歸咎建築或造園某方責任的問題。故請親眼確認，除非自信不會漏水，否則不要承接造園工程。

■屋頂庭園的排水工程

屋頂庭園必須擁有植物發育的必要水量和能迅速排水的設備。為此，植栽用客土下面，需要製造輕量、保水性佳，又有透氣性的礫石層來促進排水。而且造園計畫中的平板坡度，要比一般屋頂略陡些。

■樹木的種植

像飯店、大廈屋頂庭園般的大工程，也要慎重考慮其建築荷重對策，務必擁有足夠栽種樹木的地盤厚度。然而一般住宅因有所限制，故只要設立足夠能防範被強風吹倒、傾斜的枝柱即可。以樹木為單位，用竹子、圓木當支柱，同時加裝扶手固定更安全。能夠的話，扶手上又設置柵欄，防範直接受風。否則長新芽時，葉片會被強風吹掉，導致葉片全年處在受傷狀態。

■屋頂庭園的澆水

由於日照、通風，人工地盤會急速乾燥，有效水分也會顯著減少，故建議設置灑水器。繁忙的人，可考慮使用能自動灑水的定時灑水器。

用新島產的水孔石當作固土用石組，然後盛土，栽種植物。豎立的壁面使用兼具防風和掩飾效果的竹籬構成。
（設計/三橋一夫）

設置陽台的蹲踞和流水庭園。特地在前方設置圍牆，並在和立面之間
栽種遮掩用高木。（設計/三橋一夫）

庭園的添景物

勸修寺形燈籠。為了庭園用所創作的種類。
以附有火袋的長方形笠為特徵。（設計/三橋一夫）

石燈籠

●本文在124頁

4腳的雪見燈籠。多半配置在池泉水邊的燈籠。也有3腳的種類，但笠較大。

四角形燈籠。形狀是省略基礎，直接把竿埋在地面的種類。其高度會影響整體的平衡。

四角形燈籠。埋入形式的一般燈籠。起形笠上附有露盤寶珠。

朝鮮形燈籠。這種形狀一般稱為朝鮮形，是具有獨特印象的創作型燈籠。

琴柱形燈籠。以石用縣金澤市・兼六園的產品最著名。長度不同的2腳為其特徵。

四角形燈籠。同屬埋入型式的燈籠。圓弧形的火袋各角為其特徵。

四角形燈籠。埋入形式。4方設火口，
以上面的照起曲線笠為特徵。

角柱形燈籠。在角柱一部份挖洞做成火
袋，是戴起形笠的單純燈籠。

六角形燈籠。表示標準形式的石燈籠。本
例屬近江樣式，在竿的中節雕刻珠紋帶。

柚木形燈籠。是以還原當初樣式的製品。
以自然石雕刻反花座為基礎，豎立其上。
（設計/吉河功）

桃山形燈籠。構成燈籠的各部分作成圓
形的燈籠。本例以厚重的半球形笠為特
徵。

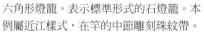

●本文在130頁

配合橫長的自然石形狀挖水洞而成的手水缽，放置在中心點，形成向缽形式的蹲踞。

在自然石挖水洞做成手水缽，形成向缽形式的蹲踞。背景有石組，右側配置埋入形式燈籠，當作手水缽的照明。

在地面挖洞埋入配製的中缽是自然石的手水缽。屬於降蹲踞形式。多半使用在流水的水源處。

這是配置在京都市・慈照寺（銀閣寺）庭園內的緣先手水缽。以銀閣寺形手水缽的本歌而聞名。

在八角形的上面周圍雕刻蓮瓣反花，中央挖水洞的基礎形手水缽。屬於中缽形式的結構。
（設計/吉河功）

作落在京都市・龍安寺露地內的錢形手水缽。以龍安寺形的本歌而聞名。字讀成「唯吾知足」。

利用五輪塔的塔身（水輪）打水洞而成的手水缽。稱為鐵缽形，放置在台石上利用。
（設計/吉河功）

在雕刻反花的寶篋印塔基礎上挖水洞而成的基礎形手水缽。以大塊立石為背景，構成向缽形的蹲踞。

做成石燈籠中台風的六角形手水缽。水洞環繞緣邊，挖成大圓形。座落在台上略高處的向缽形式蹲踞。

把寫有鎌倉時代銘文的石臼當作手水缽。座落在奈良市・圓城寺庭園園池中。

用雕刻大蓮花瓣的蓮台挖水洞而成的蓮台形手水缽。以中缽形式座落。（設計/吉河功）

在方形的「斗（量米器）」中擁有方形水洞（45度角），被稱為二重斗形的創作形手水缽。

一般稱為袈裟形。在石造寶塔的塔身底部挖水洞而成的手水缽。以雕刻在側面的扉形為特徵。
（設計/吉河功）

座落在京都市・孤篷庵，稱為「山雲床」茶席的露地上。以泉形手水缽的本歌而聞名。

樹籬

本文在140頁

紫色大杜鵑的樹籬。4～5月開紅紫色或白色的花。混色栽植，形成亮麗活潑的樹籬。

卡羅萊納的茉莉樹籬。4～5月開鮮黃色，有甜甜的香味的花。屬蔓性植物類，可誘引到籬笆上欣賞。

修剪整齊的茶花樹籬。11月～隔年4月開花。剪定要在花謝後，勤快修剪多餘的枝，保持美麗形狀。

白棣棠會在4～5月開4瓣的白色花，秋天結黑熟種子。沿著籬笆盛開時頗具風情。

落新婦的樹籬。8～9月開穗狀的白色小花，香味宜人。因蔓很長，故可誘引到籬笆或桿子上。

瑞香。3～4月開有香氣的花。即使放任成長，形狀也整齊，無須特意整姿。

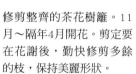

修剪整齊的纖葉花柏（日光花柏）樹籬。修剪在5～6月和9～10月進行為宜。

栽植在用地周圍的竹樹籬。場地狹窄時，為了避免根部擴張，可栽植在土管、水泥管中。

利用地錦攀爬在壁面或圍牆。成長快，繁殖也迅速，冬天雖然會落葉，但秋天可觀賞變紅的樹葉。

光葉石楠「Red Robin」的樹籬。耐修剪，會密生小枝。春天的紅色新葉特別漂亮。

龍柏的樹籬。培育成自然風十分優美。4～10月要勤加修剪超過樹形的枝。

馬目的樹籬。萌芽力強，耐修剪。屬陽樹，不選擇土地，也耐乾燥、大氣污染。廣泛使用在修剪籬或邊界籬。

本文在144頁

設置在京都市・光悅寺內的光悅寺籬的本歌。用2片對切的竹子相疊組合成斜格子，並掛玉緣的別緻竹籬。

交互使用圓竹和細枝束構成組子（格條）的鐵砲籬。綁在橫跨之胴緣上的表、裡、千鳥固定法也是一大特徵。（設計/三橋一夫）

設置在京都市・桂籬宮正門旁邊的桂籬的本歌。橫向是竹穗，縱向是粗竹的押緣。上部也橫跨押緣。

沿著京都市・慈照寺（銀閣寺）參道石籬上所設置的銀閣寺籬的本歌。是比建仁寺籬低的竹籬。

設置在京都市・龍安寺參道的龍安寺籬的本歌。斜格子的組子（2片相疊），下部有押緣，上部掛玉緣。

使用黑色竹穗的標準竹穗籬。藉由押緣的支數和其掛法的間隔不同，會呈現各種風趣。（設計/吉河功）

橫跨的是竹片胴緣，再用相同的竹片作立子，交互插入形成看似網代籬圖案的大津籬。

使用白色竹穗製作的竹穗籬。上部掛玉緣，略下方掛細押緣為特徵。

在4段的胴緣上組合圓竹立子的一般形鐵砲籬。本例使用的立子支數沒有一定規則。
（設計/三橋一夫）

這是御簾籬的應用型。中央部分可以看穿，上下分別組合組子，並用千鳥綁法掛上吹寄押緣。

做成南禪寺籬樣式的竹籬。排列竹片的部分和貼杉皮的部分交互配置，構成圖案。

上下橫跨竹片，再使用竹做成組子的一般御簾籬。表裡相對掛上對切的押緣。（設計/吉河功）

做成建仁寺籬的貼杉皮籬。使用平割材製作胴緣，然後貼上杉皮，用銅釘等固定。（設計/吉河功）

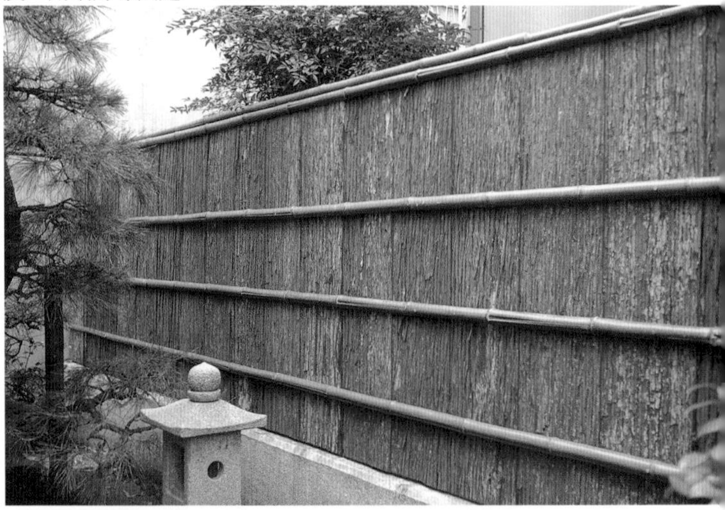

做成足下籬的著名金閣寺籬。在等間隔排列的圓竹立子上掛玉緣、押緣。

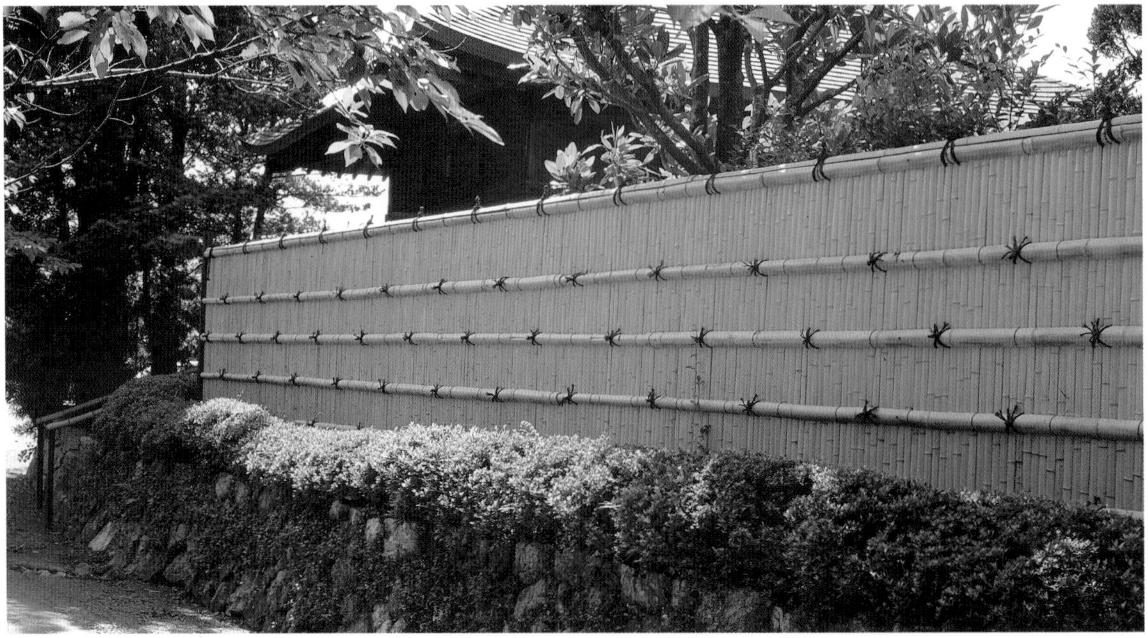

標準的建仁寺籬。在押緣的位置橫跨胴緣，縱向裝置竹片，橫向裝置押緣，最後掛玉緣。

上下是吹寄的胴緣，同時全部的立子也以吹寄方式形成的四目籬。

立子的下部不插在地面，而用橫跨的木板讓其抵住的建仁寺籬。（設計/吉河功）

蓑籬的例子。把長長的竹穗前端朝下，上部掛玉緣為其特徵。

半蓑形式的蓑籬。上半部分做成蓑籬，下半部分做成四目籬的袖籬。

網代籬。以細篠竹為主編成網代形的竹籬。依組子的寬度，編法不同會變化出各種圖案。

飛石

●本文在154頁

使用比較接近矩形的自然石來當飛石的例子。（設計/三橋一夫）

活用具有剝離成板狀性質的青石當作飛石。由於各邊都是直線，故以其尖銳的角形為特徵。（設計/吉河功）

在小飛石上搭配大的踏分石和飛石作為裝飾重點的例子。

在象徵枯山水之水的鋪砂中，當作前往沙洲的澤渡石用的自然石飛石。（設計/吉河功）

為了連結蹲踞、組井、屋簷內的踏脫石等所設置的自然石飛石。石臼座落在重點處。（設計/三橋一夫）

設置在露地的自然石飛石。巧妙組合大小、形狀不一的石塊，可觀賞到各種變化。

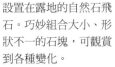

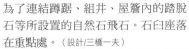

把廢物加工的切石和石臼重新利用的飛石例子。配置在重點處更有效果。

加工成矩形的切石飛石。為了避免單調，不採用直線，而以稍微歪斜方式鋪排。（設計/吉河功）

設置在武學流庭園的飛石。步寬較大，是觀景大於實用的飛石作法。

設置在露地的飛石。途中添加長形切石夾住延段，讓景色移轉變化增添趣味。

設置在東京都・清澄庭園內園路上的飛石。是把大塊自然石靈巧配置成有趣景觀的飛石例子。

設置在東京都・清澄庭園內園路途中，是橫跨流水用的自然石澤渡石。又稱為澤飛石。

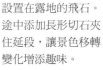

鋪石

●本文在160頁

好像捲包著細長突出的小島一般，用亂貼鋪石構成的別緻庭園造景。

用大小不一的小石片鋪裝的不規則風鋪石通道。粗獷中充滿自然感。

縱橫配置長方形的切石當作裝飾重點，周圍亂鋪形成寄石鋪的例子。（設計/三橋一夫）

沿著兩邊擺放切石和橫長自然石來規範鋪石寬度，中間則以亂鋪形成寄石鋪。

以大塊石片為主，形成寬闊但邊緣不整齊通道的亂貼鋪石。

間當車道的通道鋪石。車道是在打混泥土的地面鋪石，中央鋪礫石來組合圖案。

如竹筏般組合細長的切石，間隔留空，平行配置。間隔再以亂鋪方式構成美麗的寄石鋪。

長條狀的長方形切石以參差方式排列成竹筏般的鋪石。能有效為園路景色演出變化。

猶如沙洲曲線的設計，可欣賞生動結構的鋪石。石材是使用有厚重感的丹波鐵平石。
（設計/吉河功）

以緣石用的切石做成邊框，中間則用2片切石以45度角組成方形，配置成生動有趣的鋪石。

設計成沙洲形的屋簷內鋪石。使用小圓石以等間隔般細心、漂亮地進行組合。
（設計/吉河功）

在兩邊和中央使用細長的切石加以區隔，其間再鋪切石和自然石的鋪石。

點綴屋簷內前方空間所設計的寄石鋪鋪石景色。和蹲踞的景色十分協調。（設計/三橋一夫）

使用大小不一的切石做成的寄石鋪鋪石。到了中央稍微挪到右側，讓單調中產生變化。
（設計/三橋一夫）

部分配置切石的寄石鋪鋪石。使用整齊加工的小石片加以組合、鋪裝。
（設計/三橋一夫）

●本文在172頁

有4腳支柱的木造藤架。上面屋頂部分是縱向使用平割材，組合成方格子狀。

裝置四目籬出入口的枝折戶（柴扉）。其菱形格子是用殘存表皮切薄片的細竹片所編織而成的。（設計/三橋一夫）

設置在露地，稱為「揚簀戶」的一種設施。從上懸掛的簀戶，是以懸空方式使用。

用圓木柱、桁、樑和方格子的竹棚構成的標準型藤棚。重點在於棚架的寬度和高度要取得平衡。

配置在庭園入口的圓形拱門。多半出現在西洋庭園中，兼備出入口的添景物。

上部做成圓拱形，以格子圖案做成的高大形方格籬笆。

觀賞用的庭園添景物

實例和作法

■執筆者（插圖）造園家　高橋一郎

石燈籠

兼備足元燈實用性的日式庭園必備添景物

現今，石燈籠和庭園已有密切關係，而且被認為是日式庭園不可或缺的構成要素。

的確，石燈籠也有襯托景色的效果，例如只用樹木打造的庭園，景緻多半單調，但僅多加1座的石燈籠當作景的重點，整體就會有統合感。

然而石燈籠原本是設立在寺御堂的正前面，在佛前獻光明的重要器具，後來除了設置在佛前，也設立在神社，漸漸也被採納於庭園中。

開始納入庭園是因桃山時代流行的茶道逐漸發展，接著建立茶室、茶庭（露地），為了在夜間舉辦茶會時，能夠照亮庭園通道以及添景為目的才配置的。

而且，從桃山時代末期到江戶時代以後，在諸侯庭園中，更超越實用目的，以觀賞為主盛行，並延續至今。

◆石燈籠的結構

石燈籠基本上如圖①所示，是由基礎、竿、中台、火袋、笠、寶珠所構成。一般設立時，會豎立在基壇（圖①的最下部）上，但也有直接豎立在地面的情形。

●基壇

指鋪在基礎下的板狀石，分只用1石和以2石以上組合的種類。不過，這種基壇有時省略不用。

●基礎

燈籠結構部分的最下層。一般的形狀是上端設置竿的受座，周圍雕刻蓮瓣反花，側面裝有格狹間。平面的形狀分別有八角形、六角形、四角形、圓形等。但埋入形的燈籠，這部分是省略的。

●竿

指基礎上方的柱狀部分。普通形成圓形或四角形，圓形的竿在上部、中央、下部分別有帶狀的節，但四角形的竿通常沒有節。

以金閣寺為背景，放置在大景石上的置燈籠。重點在於不朝向正面，而以稍微傾斜方式放置。（設計/吉河功）

●中台

指竿上方，形成台座承接火袋的部分。平面的形狀剛好和基礎相對。下端有竿的受座，周圍刻成蓮瓣請花，側面裝有格狹間等，上端多半製作1～3段的突出物來承受火袋。

●火袋

中台上方，也是石燈籠最中心的部分，是用來點燈的設施。因此這部分即使施予種種裝飾，也必定有點燈的火口、促進空氣流通的火窗。平面的形狀，一般以基礎為準。

●笠

在火袋上方，相當建物屋頂的部分，普通會朝各個角製作棟，屋簷往上捲翹（稱為蕨手）。但四角形的笠就無蕨手。

●寶珠

在笠的頂端，是象徵蓮花花苞形狀的裝飾物。分為只有寶珠以及附加請花的寶珠兩種。後者更具裝飾效果，也較精緻。

◆石燈籠的選法

現今的石燈籠，幾乎都是為了觀賞才配製的，故要猶如在壁龕懸掛名作掛軸或者置壺一般，務必選擇姿、形美觀，耐人尋味的種類，然後設置在庭園的重點處。話雖如此，但由於價格昂貴，故請充分鍛鍊鑑賞眼光，在價格允許的範圍內謹慎挑選吧！

● 姿、形優美的

選擇石燈籠時，雖然細部完成度也很重要，但首要著重的卻是姿、形，亦即整體比例是否優美。最近的產品以細長感居多，但不知為何，總覺得缺乏穩定感和厚重感，反觀鎌倉時代的石燈籠，不僅有穩定感，整體比例也相當優雅。故選擇時，請多觀賞古時候的石燈籠，培養感覺，儘量選擇比例良好（亦即各部分的比率都能配合高度）的產品。

● 各部分結構良好的

觀察各部分的完成度等細節。或許價格關係，或者購買的人不要求，最近的產品常有偷工減料，雕工或修飾粗糙等的情形，請注意。

圖① 石燈籠的細部名稱

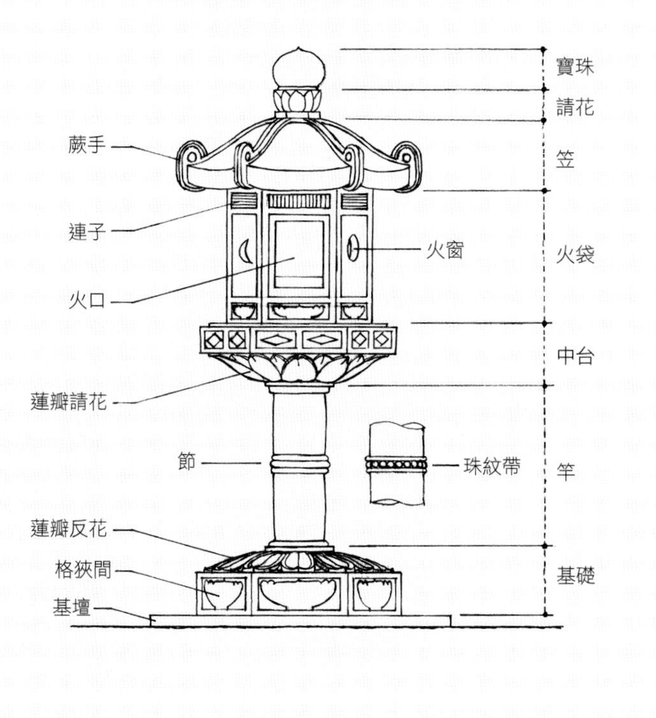
寶珠
請花
笠
火袋
中台
竿
基礎
蕨手
連子
火窗
火口
蓮瓣請花
節
珠紋帶
蓮瓣反花
格狹間
基壇

● 避免裝飾過多的

常見的是裝飾過度，看起來怪異的劣質品。請選擇美麗、裝飾自然的產品。

● 耐用的

材質以不易風化的自然石最理想。最近有許多人造石、混凝土製的產品，但建議儘量選擇自然石的種類。

◆石燈籠的種類

石燈籠的形狀多采多姿，名稱有五花八門，無法統一。所以分類方式也很多種，在此是以一般分類來說明。

①普通形 — 指各部分完備的標準形式，社寺形石燈籠多半屬於這種類。

②異形 — 除了火袋外，各部分有所省略或變化形式的燈籠。庭園用石燈籠多半屬於這種類。

● 普通形（立形、立燈籠）

依據火袋的平面形，區分如下：

四角形＝御間形、西屋形、神前形等。

六角形＝平等院形、太秦形、般若寺形、三月堂形、西圓堂形、燈明寺形、祓戶形、蓮華寺形、善導寺形、高桐院形、春日形等。

八角形＝當麻寺形、柚木形。

● 異形

依據其形態區分如下：

埋入形＝省略基礎，直接把竿插入土中豎立的形式。有織部形、水螢形、光悅寺形、松琴亭形等。

置燈籠＝一般是指放置在台石等上的小型燈籠。有寸松庵形、玉手形、岬形等。

附腳形＝中台下方並非竿，而是有2～4隻腳的形式。以雪見形為代表例。

層塔形＝在初層（最下）或各層中具備火袋，形成三層、五層塔般的形式。

寄燈籠＝把幾個舊石造塔的某些結構部分，或幾個被拆開的石燈籠，加以利用組合成一個新燈籠的形式。

特殊形＝當作路標等利用，在此設置火袋的形式。

◆代表性石燈籠（圖②）

● 春日形

在奈良市．春日大社常見的六角形燈籠，基本形狀如圖①所示，普通在火袋側面有鹿或紅葉等雕刻圖案。特別是沒有本歌（註1）。

● 柚木形

設置在奈良市．春日大社內若宮社附近的石燈籠是本歌。目前收藏在寶物館內。中台以上的火袋、笠是八角形，竿是圓形，基礎是六角形，笠無蕨手但有降棟。不過，基礎並非原始物件，而是後代產物。

●西屋形

設置在奈良市・春日大社內西屋前，但現在已非本歌。除了寶珠外的各部分都是方形。

●平等院形

豎立在京都府宇治市・平等院鳳凰堂前的燈籠，以所謂平等院形的本歌而聞名。主要特色是圓形氣派的基礎以及變形的火袋形狀。

●三月堂形（法華堂形）

豎立在奈良市・東大寺法華堂（通稱三月堂）前的燈籠是本歌。刻有鎌倉時代建長6年（1254年）文字的六角形豪華石燈籠。

●般若寺形

設置在奈良市・般若寺本堂前的六角形燈籠，以般若寺形的本歌而聞名。但現在堂前的石燈籠是複製品，真品收藏在東京椿山莊庭園內。基礎和中台側面上的格狹間附有裝飾，相當有特色，同時蓮瓣雕刻也很精緻。

以江戶時代-慶長年間的古式織部形燈籠為依據，所複製的織部形燈籠。（設計/吉河功）

●蓮華寺形

豎立在京都市・蓮華寺本堂前的為本歌。主要特色是六角形高聳，還有表示屋瓦的9段橫紋的笠。

●岬形

設置在京都市・桂離宮庭園內松琴亭前石海濱前端的石燈籠為本歌。也是依據放置位置稱呼「岬形」的圓形燈籠。

●寸松庵形

名稱由來不詳，但只用一石做成有寶珠、笠、火袋、腳的小型置燈籠。沒有本歌。

●織部形

又稱為織部燈籠，是埋入形的代表，是現今常用的種類。主要特色是竿的上部，左右都呈現凸出的圓弧狀。

●雪見形

以庭園用石燈籠被廣泛使用的形式，常被配置在池邊。形狀是，中台、火袋、笠有八角形、六角形、圓形之分，中台下有2腳、3腳、4腳之分。

（註1）本歌—古代茶人為了建設茶庭，往往會覬覦在社寺獻燈、形美又氣派的石燈籠，但由於購買不到，故加以模仿雕刻。此際，當作範本的著名燈籠，現在就被稱為○○形燈籠的本歌。

◆石燈籠的放置場所

目前在庭園設置石燈籠的目的多半觀賞用，實用面較少。但配置時仍要同時顧及照明的實用性為要。

●通道的照明

ⓐ配置在園路旁—立燈籠、埋入形等。

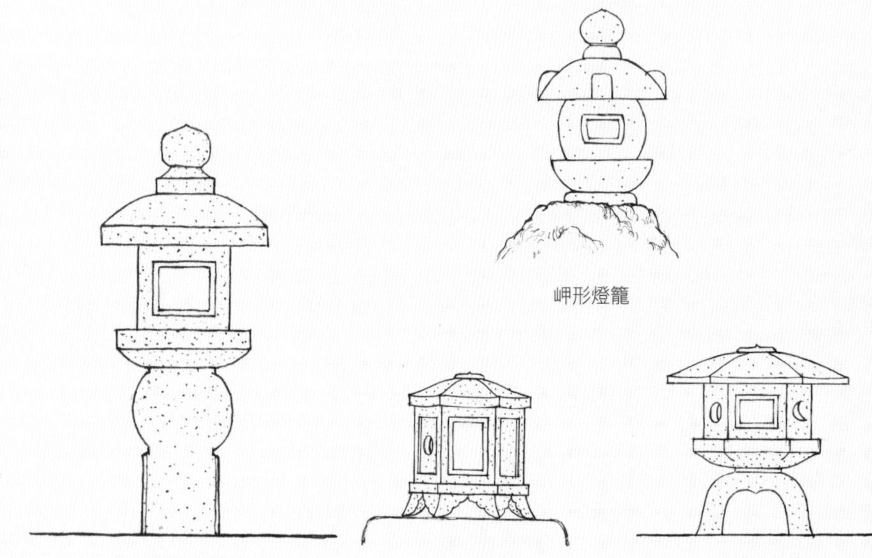

ⓑ配置在園路分叉路附近 — 立燈籠、埋入形等。

ⓒ配置在前庭正面、通路旁 —立燈籠、埋入形等。

● 出入口附近的照明

ⓐ配置在正門左右一方—立燈籠、埋入形等。

ⓑ配置在庭門、木門、枝折戶等旁—立燈籠、埋入形等。

● 庭園的照明

ⓐ配置在主庭的正面，亦即在植栽中當重要景點—立燈籠、埋入形、雪見形、置燈籠、層塔形等。

ⓑ配置在草坪等中 — 立燈籠、埋入形、雪見形、置燈籠、層塔形等。

● 蹲踞等的照明

ⓐ配置在蹲踞附近的手水缽照明—立燈籠、埋入形等。

ⓑ配置在緣先手水缽（缽前）附近的手水缽照明—立燈籠形等。

● 水面、沙洲的照明

ⓐ配置池泉水邊附近 — 雪見形、岬形、埋入形等。

ⓑ配置在沙洲中 — 雪見形、岬形、埋入形等。

◆石燈籠的裝置法

（立燈籠、埋入形的情形）

①裝置場所的地盤要仔細搗實、整平。土地稍微鬆軟的地方要混合礫石、砂加以搗實，或者打混凝土。

②接著，決定立燈籠的正面（普通是火袋的火口側）要朝向那個觀賞位置或者目的物。

③有基壇時，使用水平器以水平設置。

④把基礎水平設置在基壇或者搗實的土地上。（但埋入形要把竿的下部以規定的高度直接埋入地面）

⑤而且依序重疊竿、中台、火袋、笠，最後在頂上放寶珠，裝置告一段落。高聳型的需要用鍊滑車等機械，或委託專業者來施工較安全。

⑥此外，石燈籠通常會點綴前石，加以造景。

而且在重疊各部件時，需要以原來的狀態重疊為要，因改變位置容易不穩定，如果矯正方向仍會搖晃的話，插入鉛薄板等加以固定。

◆石塔和其種類

雕刻石材做成的塔婆（佛塔）之總稱。主要有層塔（三～十三層等，以奇數為基本）、五輪塔、寶塔、寶篋印塔、無縫塔等。且在鎌倉時代所製造的名品特別多。利用其各部件打水洞做成的手水缽稱為見立物（比擬物）。

圖② 代表性的石燈籠

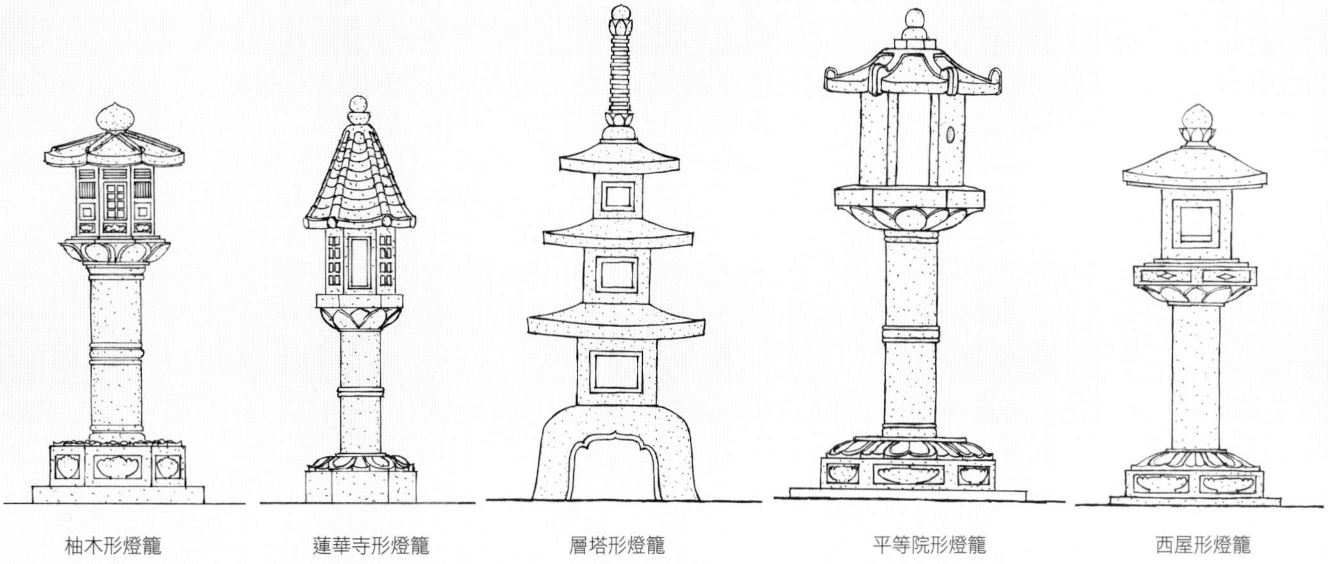

柚木形燈籠
蓮華寺形燈籠
層塔形燈籠
平等院形燈籠
西屋形燈籠

豎立在京都府・加悅天滿宮境內。八角形，連細部都非常精緻的山城丹後樣式石燈籠，厚重感十足。是鎌倉時代的作品。

四角形的石燈籠。以火袋的4面有四角形和圓形火口為特色。設置在重要景點或通道旁。

座落在茶席露地上複製樣式的柚木型燈籠。豎立在自然石雕刻蓮瓣的基礎上，姿態優美的石燈籠。

（設計/吉河功）

較近代建造的高大六角形石燈籠。為了統合景的空間，豎立在吸引視線的要處。

常能見到的4腳雪見形燈籠。整體姿態平衡良好。這也是選擇時的重點。

把岬形燈籠設置在景觀焦點上的例子。由於小巧，故常使用在坪庭等枯山水上。

（設計/中瀨操）

在以御簾籬為背景構成的蹲踞中，點綴手水缽照明用的織部形燈籠。竿上部的圓弧凸出為其特色。

各部分都很端正的標準六角形石燈籠。不僅各部結構精細，整體平衡也不錯。

圓形的埋入形石燈籠。高起來的圓形笠沒戴寶珠，故有些欠缺平衡感。

豎立在京都市・勸修寺庭內的勸修寺形燈籠的本歌。好像要覆蓋扁平火袋般的笠為其特徵。

在橫長台石上的四角形置燈籠。當作景的焦點，配置在礫石中的矮山景一端。

高達374cm的壯麗石造寶塔。利用圓形塔身部分做成的手水缽，稱為袈裟形。

以笠的四角有飾品為特徵的寶篋印塔。起源是中國阿育王寺的釋迦舍利塔。

豎立在有反花之基壇上的五輪塔。球狀部分是塔身，利用塔身做成的手水缽，稱為鐵缽形。

新形的石造十三重層塔。笠的邊端不反翹，但古時候的產物是有反翹的。

蹲踞

在茶庭（露地）當作矮門口附近的主景。住宅庭園要設置在室內眺望得到的重點。

今天的住宅庭園，由於地價昂貴，故有逐年變窄的的傾向。由於如此，能為小面積營造沈穩景緻的蹲踞，也和石燈籠一樣備受矚目

這種蹲踞被認為是日式庭園的重要構成要素，尤其是茶庭（露地）不可或缺的元素。

所謂蹲踞是指彎腰使用手水（鉢）的意思。起先因和茶道有關而使用在茶庭，在舉辦茶道時，喝一碗茶前必須先用清水漱口、洗手，於是以蘊含淨身、清心的意義加以創作、發展，形成這種產物。

因此，以手水鉢為中心的蹲踞結構，成為茶庭中的一個展示場所。古代茶人對選定或製作手水鉢都非常講究。故想配置在住宅庭園時，也應具備這種心態。

◆蹲踞的形式和結構

●蹲踞的形式（圖①）

蹲踞的構成有如下的形式。

①向鉢形式

②中鉢形式

③流水形式（在流水中配置手水鉢使用的形式）

●基本的結構

蹲踞的基本結構，以向鉢形式來看，配置型態是把手水鉢設在中央朝向正面，前面稍微離開的位置是役石的前石，面對手水鉢的左側是手燭石，右側是湯桶石，以上4石所包圍的部分是流水（又稱為海、水門），比地盤面略低，中央附近設置排水口，同時設置水掛石來掩飾排水口。

手水鉢＝裝水的器皿，在自然石等上端鑿水洞，形成可裝水的結構。雖然種類繁多，但選定時要注意形態和水洞大小。

前石＝進行茶道時，客人為了使用手水鉢所踩踏的役石，要選擇頂端平坦，可容納兩腳大小的石塊。

手燭石＝夜間茶道為了擺放手燭（照明器具）的役石，要選擇上部較平整的石塊。

向鉢形式基本結構的蹲踞。面對手水鉢，前面是前石，左側是手燭石，右側是湯桶石的配置法。

湯桶石＝冬季茶道，因手水鉢的水冰冷，故設置裝熱水的水桶來代替，而用來擺放熱水桶的役石要選擇平坦寬面（約桶的直徑26㎝）的石塊。

流水（海）＝讓水排出的地方，中央設置會吸水的排水口。若經常用筧（引水管）來排水時，排水口的下方必須連接排水管，讓水排到定所，但若有裝飾物或設置在茶庭等時，請加栗石、礫石等，把水自然吸收到土中。

水掛石＝放置在排水口上的小圓石，具有掩飾排水口，以及避免用水時被濺濕的效果。

◆放置蹲踞的場所

蹲踞是觀賞茶庭風景的重點。其配置法，若是二層露地形式，是設置在內露地中門，從中潛到茶室的飛石旁邊。若是一般的茶庭，則設置在茶室矮門口的附近。

若是一般住宅，是設置從房間眺望得到的主庭重點位置，尤其是中景附近最有效果。有時也可配置在前庭的玄關旁或通道旁。

◆手水鉢、役石的配置方式（圖②）

①手水鉢的配置

依據形狀、大小，把手水鉢以高出地面30～50㎝的方式暫時配置在鎖定的位置。水洞裝滿

水觀察水平狀態。然後稍微前傾，邊調節邊讓水能順利從前面流下來，之後才正式配置。

如果手水缽是見立物（比擬物）、創作物，通常會擺放在台石上，當然要先假想手水缽擺放的高度，才能決定台石的高度。

②前石的配置

從手水缽的水洞中心算起，在約距離55～75cm的前面設置前石。前石的高度要比連續的飛石略高些，而且保持水平。

③手燭石、湯桶石的配置

面對手水缽，在其左側，以比前石頂端約高出12～20cm的方式，邊觀察姿態邊設置手燭石。接著在右側，以比前石頂端高出5～9cm的方式，邊觀察姿態邊配置湯桶石。

④製作流水（海）

手水缽、役石配置妥當後，接著製作流水，底部先塗抹灰泥，中央設置排水口。至於排水口下的結構如前所述。採用排水管式時，要再配置役石之前就埋設排水管。

⑤製作配置連接石等

手水缽和役石之間，通常會形成一個空間，故要使用大小不一的木樁、玉石、瓦、灰泥（古時用三合土）等來連接，避免土壤和雨水等一起流

圖① 蹲踞的形式

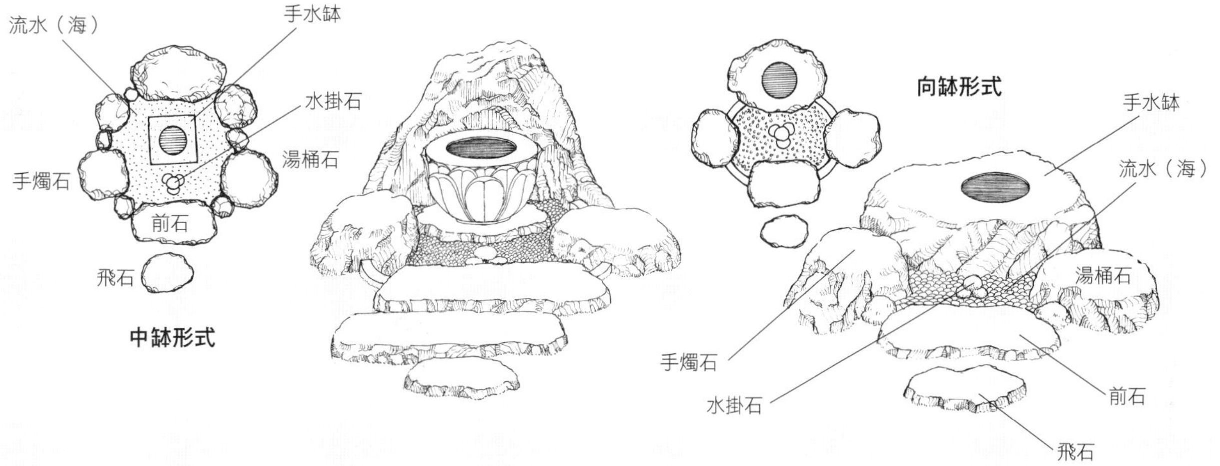

流水（海）
手水缽
水掛石
湯桶石
手燭石
前石
飛石
中缽形式
向缽形式
手水缽
流水（海）
湯桶石
手燭石
前石
水掛石
飛石

圖② 手水缽以及役石的配置標準尺寸

（單位mm）

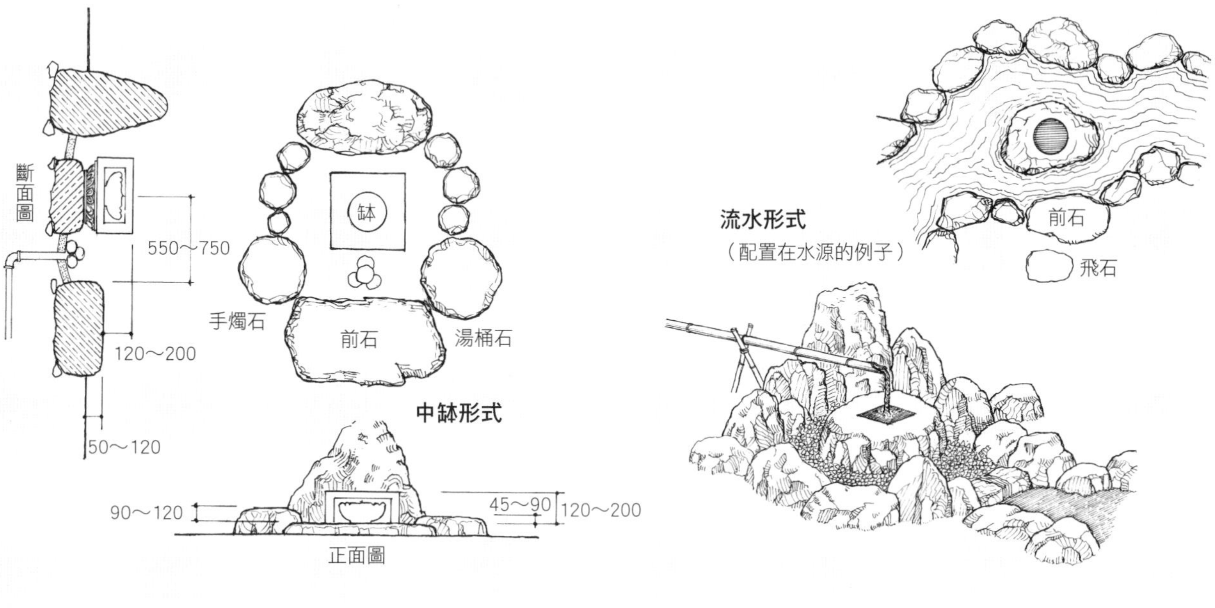

斷面圖
550～750
120～200
50～120
缽
手燭石
前石
湯桶石
中缽形式
90～120
45～90
120～200
正面圖
流水形式
（配置在水源的例子）
前石
飛石

走。

⑥水掛石的配置

設置在流水中央的排水口上，用小圓石等來作水掛石。有時候，是全面鋪3～6cm的小圓石等。

⑦完成

最後把各石周圍的地面整平，去掉附著在石塊上的泥土等，清掃乾淨。

◆手水缽的種類（圖③）

手水缽大致區分為①自然石、②加工創作造型品、③見立物（比擬物）三種。

●自然石

從大自然生產的石塊中，選擇姿態、形狀優美、有趣的，然後在上部鑿水洞，再依據其外型稱呼富士形、鎌形、水掘形等名字。

●加工創作造型品

依據喜歡的形狀，將石塊加工形成的創作形手水缽。古代由茶人創作的有特色種類如下。

錢形＝在平坦圓形的表面上，鑿出四方形的水洞。

布泉形＝錢形的一種。上端有刻「布泉」的文字。

龍安寺形＝錢形的一種，上端有刻「唯吾知足」的文字，因各字都含有「口」字，故利用水洞的四方形來配置，相當有趣。

菊缽形＝款式像菊花形狀。

銀閣寺形＝方形，下部有圓形凸出物，上面鑿圓形水洞。側面三邊有棋盤圖案為特色。在京都・慈照寺（通稱銀閣寺）有本歌。

其他還有許多種類。

●見立物（比擬物）

利用舊的石造美術品（層塔、寶篋印塔、寶塔、五輪塔、石燈籠等）部分，或者古寺的礎石等廢物利用，加以鑿水洞而成。

基礎形＝在石燈籠或石造塔的基礎鑿水洞而成。

四方佛形＝利用層塔、寶篋印塔的塔身鑿水洞，4個側面刻佛像或梵字而成。

鐵缽形＝利用五輪塔的球狀部分（水輪）鑿水洞而成。

笠形＝利用石燈籠或石造塔的笠部分做成手水缽。多半以倒立形狀使用。

伽藍形＝利用古寺石柱的礎石，配合石柱的粗細加工而成的手水缽。

中台形＝在石燈籠的中台上面或者倒放，如基礎形般鑿水洞。

蓮台形＝利用可看到石佛的本尊座蓮台（用別石製作），上部鑿水洞而成。

袈裟形＝利用石造寶塔的塔身鑿水洞的手水缽。因刻有類似僧衣袈裟般的圖案，所以才如此稱呼。也有沒有圖案的例子，但一樣稱為袈裟形。多半倒放，在底部側鑿水洞利用。

圖③ 各種手水缽

鐵缽形（見立物）　基礎形（見立物）
笠形（見立物）　自然石手水缽
伽藍形（見立物）　袈裟形（見立物）
布泉形（創作造型品）　四方佛形（見立物）

手水鉢的種類

在圓弧狀的橫長形自然石上鑿葫蘆形水洞，成為充滿嬉遊之心的手水缽。並添加岬形燈籠當作手水缽照明。

座落在書院簷端，稱為「誰袖形」的自然石手水缽。是以側面的襞狀圖案取名。

蓮台形手水缽。屬於石佛等的台座，在雕刻向上蓮瓣的蓮華座上鑿水洞而成。

橋樁形手水缽。利用石造橋的橋腳（橋樁），上面鑿水洞而成。主要設置在簷端。

礎石形手水缽。手水缽所使用的伽藍石，原本是為了當作寺院建築的石柱基礎，用自然石加工而成的。

袈裟形手水缽。在側面刻有扉形的寶塔塔身底面鑿水洞做成的手水缽。
（設計/吉河功）

裝置成向缽形式的自然石手水缽。水洞小，是以造景為主的蹲踞結構。

四方佛手水缽。因四面雕刻佛像故如此取名。是資源再利用的例子，把容貌雕刻深厚的佛像當作手水缽的裝飾框。

把礎石形手水缽裝置成中缽形式的蹲踞。其中役石結構和一般形式相反，左側是湯桶石，右側是手燭石。
（設計/三橋一夫）

利用六角形石燈籠的中台鑿水洞而成。一般會擺放在台石上使用。

上部加工為八角柱狀的創作形式手水缽。配置成簷端手水缽。

座落在京都市・曼殊院，被分類為缽形的創作形手水缽。側面有陽刻的梟形。

用小巧有趣的自然石鑿水洞而成的手水缽。裝置成中缽形式，水從筧（引水管）滴落的風情也耐人尋味。

石臼再利用的手水缽，裝置成流水形式的蹲踞景緻。使用切石，左側配置手水缽照明用的燈籠，形成嶄新結構。
（設計/三橋一夫）

使用有凹洞的大自然石製作手水缽所構成的蹲踞景緻。和鋪布形的切石搭配得恰到好處。
（設計/三橋一夫）

棗子形的手水缽。以用來裝茶葉的「茶罐」造型製作的創作形手水缽。主要特徵是其胴體的圓弧曲線。

這是利用四角落都刻有梟形、型態特別的鎌倉時代寶篋印塔塔身所做成。別名梟的手水缽。

使用稱為銀閣寺形的創作形手水缽所構成的蹲踞景緻。本歌在京都市・慈照寺（通稱銀閣寺）的庭園內。
（設計/三橋一夫）

低矮形、側面粗獷完成的手水缽，以御簾籬為背景裝置成向缽形式。
（設計/三橋一夫）

使用鐵缽形手水缽的蹲踞。重點在鐵缽側面的圓弧曲線相當圓渾優美。（設計/吉河功）

筧（引水管）

把湧泉或溪谷的水導入的引水管當作庭園景趣，同時也是手水鉢、鳥浴盆、流水等的給水源

筧原本是山間民家為了導入岩間湧泉或溪谷的水所採行的一種方法。而且必須使用打通竹節的圓竹或挖孔的木條來當作引水管。

為了擁有這樣的景趣，同時當作手水鉢的給水源，「筧（引水管）」就成為重要的構成要素。

◆設置筧的場所

主要當作手水鉢的給水源，但也可當作鳥浴盆、水盤、小水池、流水等的給水源。

設置筧的方向，會依用地面積、觀賞位置等而定，但一般設置在面對的右側或者左斜後方，景觀較優美。

◆筧的構成和裝置方法（圖①）

筧的基本結構包括橫導管、縱導管、枕木（駒頭）和支柱。

橫導管是以不會逆流程度的斜坡，近乎水平方式設置。材料可用挖除竹節的苦竹，然後以前端加以斜切或者部分縱切兩半來完成。

駒頭是裝置在連接或轉角部分的部材。使用圓形檜木、角材等裁成15～18cm，配合橫導管和縱導管的口徑挖洞，再插入橫導管和縱導管上。

支柱是利用Y字形的樹枝，或者組合成X字形的細竹。

由於水源是用自來水，故到達縱導管部分之前會經過塑膠管，從轉彎部分到橫導管為止，會使用連接水管（加網眼織物的耐壓水管）。有些使用鉛管。

前端斜切去掉的細竹筧。把水導入中缽形式的蹲踞鐵缽形手水缽。（設計/吉河功）

在粗圓竹的縱導管上插入前端垂直裁切的細圓竹橫導管，構成這種形狀的筧。

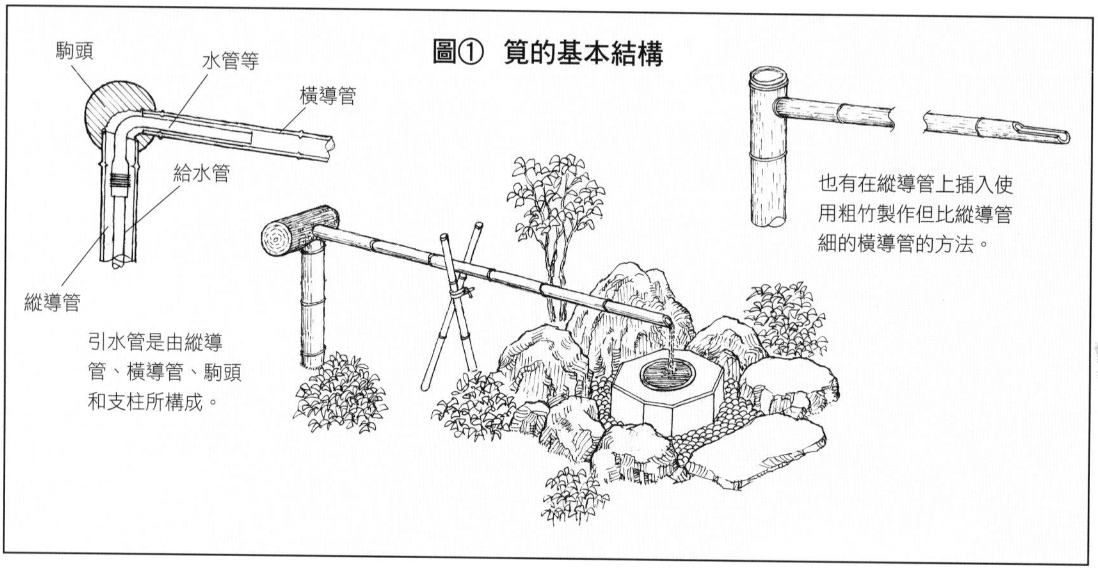
駒頭
水管等
橫導管
給水管
縱導管
引水管是由縱導管、橫導管、駒頭和支柱所構成。
也有在縱導管上插入使用粗竹製作但比縱導管細的橫導管的方法。

圖①　筧的基本結構

筧的種類

從座落在背後的大景石旁邊突然冒出的垂直切筧。可觀賞從山中引入清水的景趣。（設計/三橋一夫）

這是普通常見的蹲踞和筧的結構。在自然石的手水缽上配置前端垂直切的筧。

以竹林為背景，為蹲踞引入水的筧。主要特色是其く字形的2段轉彎結構。

以大的山石為背景，在有笠形手水缽的蹲踞中設置的垂直切形筧。（設計/吉河功）

以中缽形式設置的自然石手水缽上，可欣賞會流出水來的長筧。是將橫導管斜切插入縱導管的形式。

圖② 筧的各種前端加工法

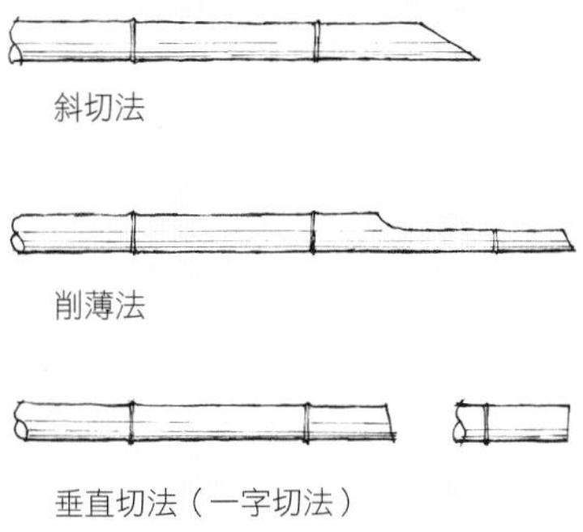

僧都

觀賞從筧落水的同時，也能傾聽竹底叩石的美妙音響

僧都又稱為嚇豬物或嚇鹿物，據說是過去農村為了利用聲音驅趕豬、鹿等所創造的。

庭園則是為了在賞水之餘，還能聆聽竹子敲扣石頭的美妙聲音，以及觀賞其動作，所以才在流水的上游或中途，或者在淺水的小池子等配置僧都。

◆僧都的結構

如圖①所示，由筒、扣石和給水用的筧等所構成。

竹筒是使用粗的苦竹（約6～10cm），盡量選擇肉厚的種類。長度約60～90cm，通常有4個節間。而且把支點設在中間，挖掉儲水側的1節，前端斜切，之後用刨刀修飾。

支柱可使用圓木、圓竹或Y字形的枝等。軸用直徑約10mm的圓形鋼管。

給水部分用筧等進行，但為了能聆聽竹音的餘韻，要調節水量，讓竹音響起時間保持適當間隔。

◆僧都的設置場所

一般而言，設在景的重點，亦即配置在流水的上游或小池畔等。

圖① 僧都的基本結構

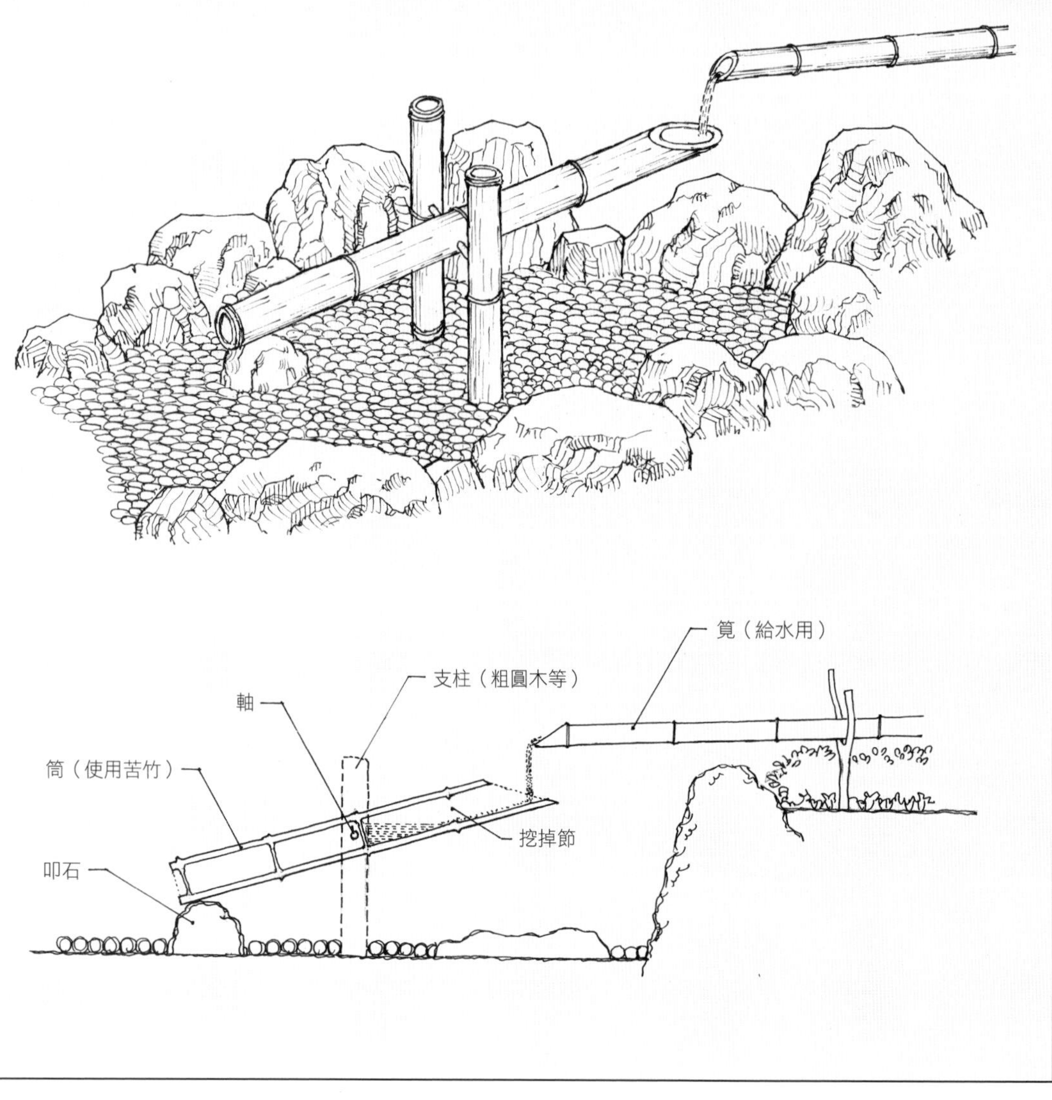

僧都的種類

越過籬笆設置的筧，把水滴落在僧都的筒上，裝滿的水會流落在手水缽，筒反彈時就會發出聲響。

本僧都設置在樹木繁茂的庭園一角。配置在其右前方的立石是用來統合僧都的景緻。（設計/吉河功）

使用細長的竹子做成的僧都。需要添景物時，這就成了無須費用即可獲得快樂的構成要素。

把筧的水引到有凹洞的自然石上，再把溢出的水注入竹筒的結構，形成這麼有趣的僧都。

當作庭院添景物的僧都。聲音響起時，也能一併欣賞竹筒上下躍動的模樣。

使用粗竹筒的僧都。音質會因粗細、長短而有微妙差異，不妨多加嘗試也很有趣。

樹籬

對防風、防塵、防火，以及打造綠色環境都有幫助的樹木籬笆

因為不僅是打造綠色環境的重要元素，而且地震時也可避免水泥牆倒塌的危險，所以樹籬最近重新受到青睞。

同時，看著修剪整齊的樹籬，心情也跟著舒暢起來。

◆樹籬的特徵

所謂樹籬，就是把會成長的樹木加以列植，經過修剪成為籬笆。

一般在外部當作遮蔽用，或用來區隔前庭和主庭使用。另外，也有高樹構成的高樹籬，除了可遮蔽建物等外，也有遮陽、防風的效果。

優點是雖無法完全遮蔽，但比水泥磚牆通風而且美觀。也和其他圍牆不同，只要不忽略病蟲害的預防、驅除等管理，長年使用都不用更換。

缺點是想發揮樹籬的美麗，務必把樹形修剪整齊到一定程度，所以需要經常性修剪等的管理。

◆樹籬的種類

●依設置場所區分

外籬＝設置在用地外圍的樹籬。

內籬＝又稱為區隔籬、境栽籬等，在用地內當作區隔用的樹籬。

修剪整齊的茶花樹籬。樹籬要使用萌芽力強的常綠樹種，看起來才壯觀。

●依材料區分

單一籬＝樹種只有一個種類。

混合籬＝樹種混合數個種類。

●依完成的高度區分

高樹籬＝修剪成2m以上的樹籬。

中高樹籬＝修剪成1～2m的一般高度樹籬。

低樹籬＝修剪成1m以下的矮樹籬。

◆樹籬用樹木的種類和選法

樹籬使用的樹木，請儘量滿足以下條件選擇。

①要適合土地（各地方）的氣候、土壤等環境。
②常年都會長葉片的常綠性樹木。
③耐修剪、萌芽力強的樹木。
④無論枝、幹都會萌芽，而且內部較不稀疏的樹木。
⑤不會從下枝往上枯萎的樹木。
⑥葉片密生的樹木。
⑦病蟲害少，容易管理的樹木。
⑧成長較快，樹勢強的樹木。
⑨比較便宜，容易買到的樹木。

適合樹籬的樹種如下：

高樹籬＝羅漢松、橡樹類、茶花、珊瑚樹、紫衫、馬刀葉櫧等。

中高樹籬＝花柏、扁柏、犬黃楊、正木、珊瑚樹、光葉石楠、女貞、羅漢松、枸骨木樨、橡樹類、絲柏、龍柏、馬目、西洋水蠟樹、茶花、山茶花。

低樹籬＝犬黃楊、黃楊木、伽羅木、圓柏、滿天星、六月雪、圓葉火棘、雪柳、瑞香、茶樹、梔子、杜鵑、連翹、枸骨等。

◆樹籬的標準製作法（圖①）

①準備材料

○苗木 ○柱用圓木（杉木或檜木）○圓竹

〈通稱唐竹——使用約以12～15支為1束的市售品〉○棕櫚繩　○鐵釘　○防腐劑（木餾油〈kreosot〉等）

②豎立親柱

在製作樹籬的場所兩端挖洞，豎立親柱。埋入土中的深度約50cm。立好親柱用圓木後，把土回填，然後用搗槌搗實周圍，避免親柱搖晃。

③豎立間柱

接著在2根親柱之間，用水線在鎖定的高度（0.9～1.2m）拉出水平，以固定間隔（約1.8m左右）豎立間柱。間柱要比親柱低約10～12cm。

④挖栽植樹木的洞

在柱和柱之間挖出寬、深各約40cm左右的

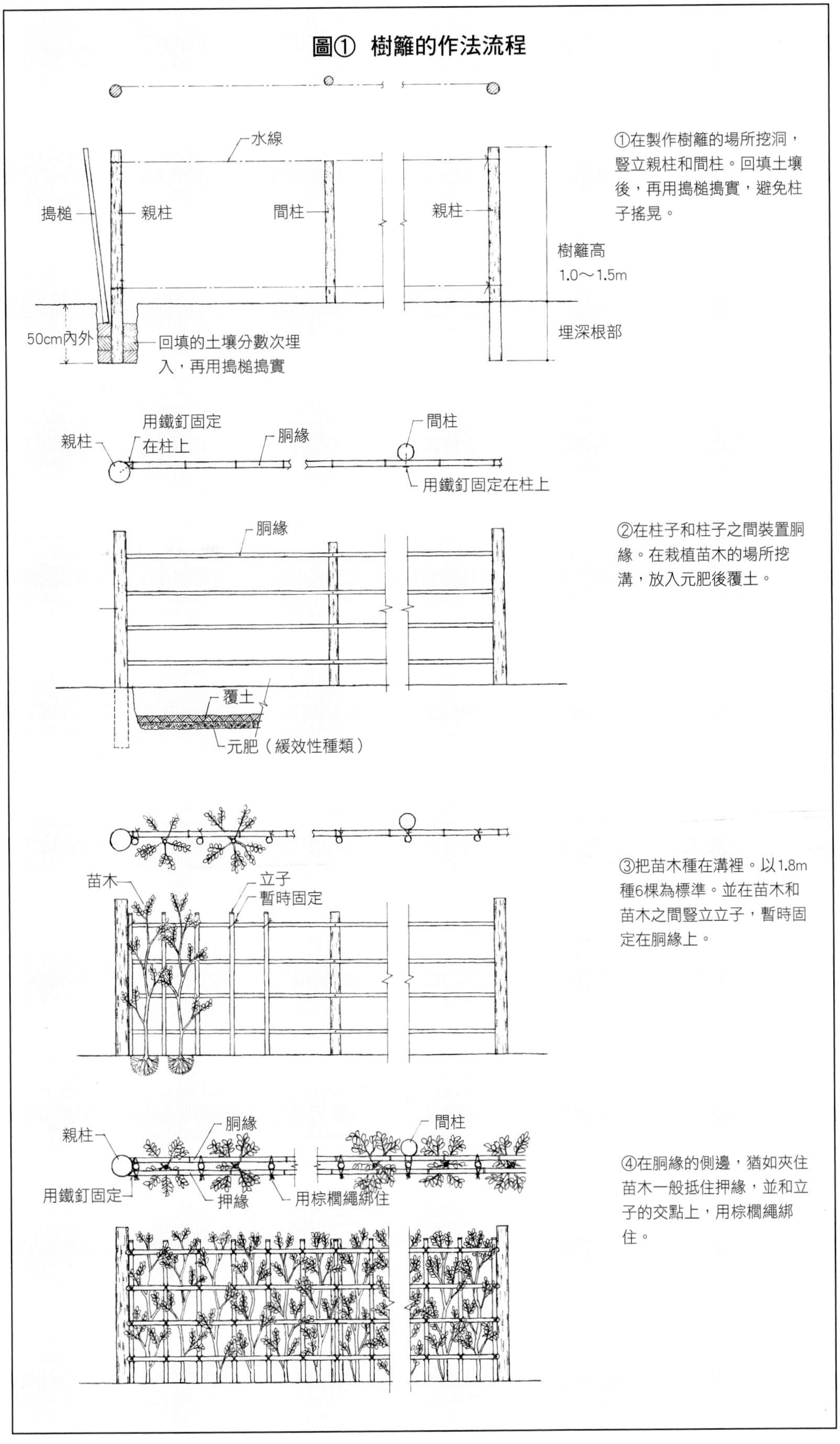

水線
搗槌
親柱
間柱
親柱
樹籬高
1.0～1.5m
50cm內外
回填的土壤分數次埋入，再用搗槌搗實
埋深根部
①在製作樹籬的場所挖洞，豎立親柱和間柱。回填土壤後，再用搗槌搗實，避免柱子搖晃。
用鐵釘固定在柱上
親柱
胴緣
間柱
用鐵釘固定在柱上
胴緣
②在柱子和柱子之間裝置胴緣。在栽植苗木的場所挖溝，放入元肥後覆土。
覆土
元肥（緩效性種類）
苗木
立子
暫時固定
③把苗木種在溝裡。以1.8m種6棵為標準。並在苗木和苗木之間豎立立子，暫時固定在胴緣上。
親柱
胴緣
間柱
用鐵釘固定
押緣
用棕櫚繩綁住
④在胴緣的側邊，猶如夾住苗木一般抵住押緣，並和立子的交點上，用棕櫚繩綁住。

圖①　樹籬的作法流程

溝，底部放入配方肥料，從上回填約10cm的土壤、覆土。

⑤裝置胴緣

在柱和柱之間以固定間隔橫跨上唐竹，用鐵釘固定在各柱子上。

胴緣是以元口、末口交錯方式裝置的。連接竹子時，把一方的末口插入下個元口中。而且要避免各段的連接處在相同位置，儘量靠近柱子連接為宜。

⑥栽植苗木

以鎖定的間隔把苗木放入預先挖好的溝裡，把挖出來的土壤大致回填。之後注水，用細棒輕輕搗實，讓根缽和土壤融合。等水被吸收後，再回填剩餘的土壤，輕輕踏實根的周圍，整平地面。

至於苗木的距離雖需依樹種而異，但基本上以1．8m栽種6棵為標準。

⑦裝置立子和押緣

在苗木和苗木之間，以和間柱等高處豎立立子（唐竹的末口保留節切斷而成）。接著，在⑤裝置的胴緣上，像夾住苗木一般，橫向抵住押緣，並在和立子的焦點上，使用棕櫚線綁住。到此算是大致完成。

⑧修齊苗木頂部

最後把苗木的頂部修剪整齊，而且把周圍的殘材、屑片等處理掉。

◆樹籬的養護

樹籬的美麗在於可修剪成整齊的形狀。而且，枝葉透過修剪可長得更茂密，防範內部太稀疏。不過，若不修剪，樹枝會往上伸展，並由下方逐漸往上枯萎，或者內部變稀疏。

對於苗木的修剪，是在長到目標高度前任其頭部伸展，但這期間為了促進橫枝密生，需要修剪枝尖。

等枝葉一定程度密生之後，才把逐年都會成長的枝尖修剪成需要的形狀。

修剪的次數至少每年兩次，亦即在春天長出的枝停止成長的梅雨期間，以及秋季期間各進行一次。若是茶梅、山茶花等花木，則在花期結束後馬上進行。

修剪的方法，在樹籬兩端拉水線等，大致決定修剪的高度和寬度。

起先，修剪側面下部，決定下擺寬度後，再依序往上修剪。每年都進行修剪的樹籬，以新梢和前年枝的分界點為修剪基準。

要先修剪下部的理由，是下枝的成長不比頂部旺盛，而且也較不易萌芽，但若從上部修剪而不慎修剪過度，可能從下枝往上枯萎，故有防範意味。

接著，以水平方式修剪頂端。通常全部修剪後，會拿開水線，站在稍微離開的位置瀏覽全面，然後再做局部的修正（圖②、圖③）。

最後，把剪下的枝葉確實打落地面，清掃乾淨。同時，除了修剪外，在2～3月期間還要進行油粕、配方肥料等施肥。而且，因有些樹種會發生病蟲害，一旦發現，即要適當噴灑藥劑等。

圖② 樹籬的修剪法

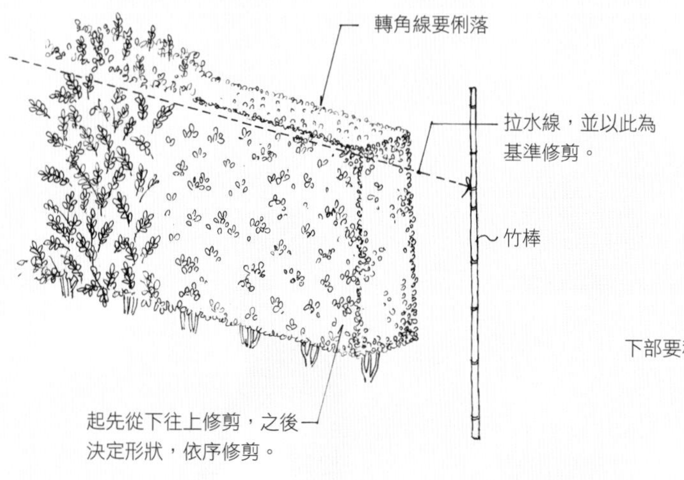
轉角線要俐落
拉水線，並以此為基準修剪。
竹棒
起先從下往上修剪，之後決定形狀，依序修剪。

圖③ 樹籬的修剪法好壞

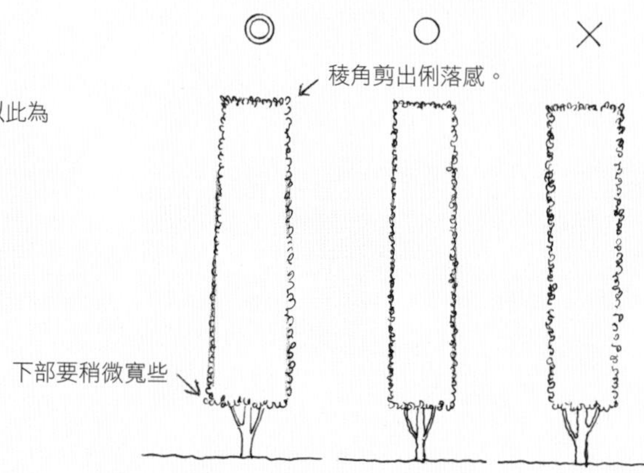
◎
○
×
稜角剪出俐落感。
下部要稍微寬些

修剪整齊的犬黃楊樹籬。因萌芽力很強，故耐剪定，可整理出美麗形狀。

犬黃楊的樹籬。犬黃楊類似羅漢松，但葉形整體看起來較大。

五月杜鵑的樹籬。雖然不同花色和形狀的品種相當多，但都十分耐修剪。

枸骨木樨的樹籬。耐強度修剪，無論中高樹籬、低樹籬或境栽樹籬等都適合。

連翹的樹籬。3～4月會開黃色花朵。耐強度修剪，也不怕大氣污染。

蔓生玫瑰「安琪拉」的樹籬。樹勢強壯，5月會開深粉紅色的花朵。

黃梅的樹籬。2～3月長葉前會開黃色花朵。因萌芽力強，故枝又可引到柵欄做成樹籬。

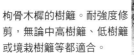

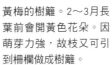

竹籬

以竹為素材的添景物。最適合區隔、掩飾和當作重點的景色

以竹為主要素材製作的籬笆總稱為竹籬。這種竹籬，因使用的材料不同，而變化出各種造型。

◆竹籬的分類（圖①、圖②）

竹籬大致分為透光籬和遮蔽籬。

透光籬　竹籬中間有空隙，可看到對側，主要當作內籬或區隔，或者當作背景等用。包括四目籬、金閣寺籬、龍安寺籬、光悅寺籬、矢來籬等。

遮蔽籬　樹籬中間沒有空隙，除了設計為外籬和使用在用地外圍外，也可當內籬用來區隔需要遮蔽的空間。另外，亦可當庭園造型的背景。故除了自古聞名的竹穗籬、建仁寺籬、桂籬、大津籬、網代籬、御簾籬、木賊籬、鐵砲籬等外，還有許多有特色的創作性竹籬。

◆四目籬的作法（圖③）

四目籬的結構如圖③所示，在胴緣（橫跨的部材）上直交立子（縱向部材），以表裡交錯的方式，在一定間隔組合成簡單的形狀。其優

圖①　各種竹籬

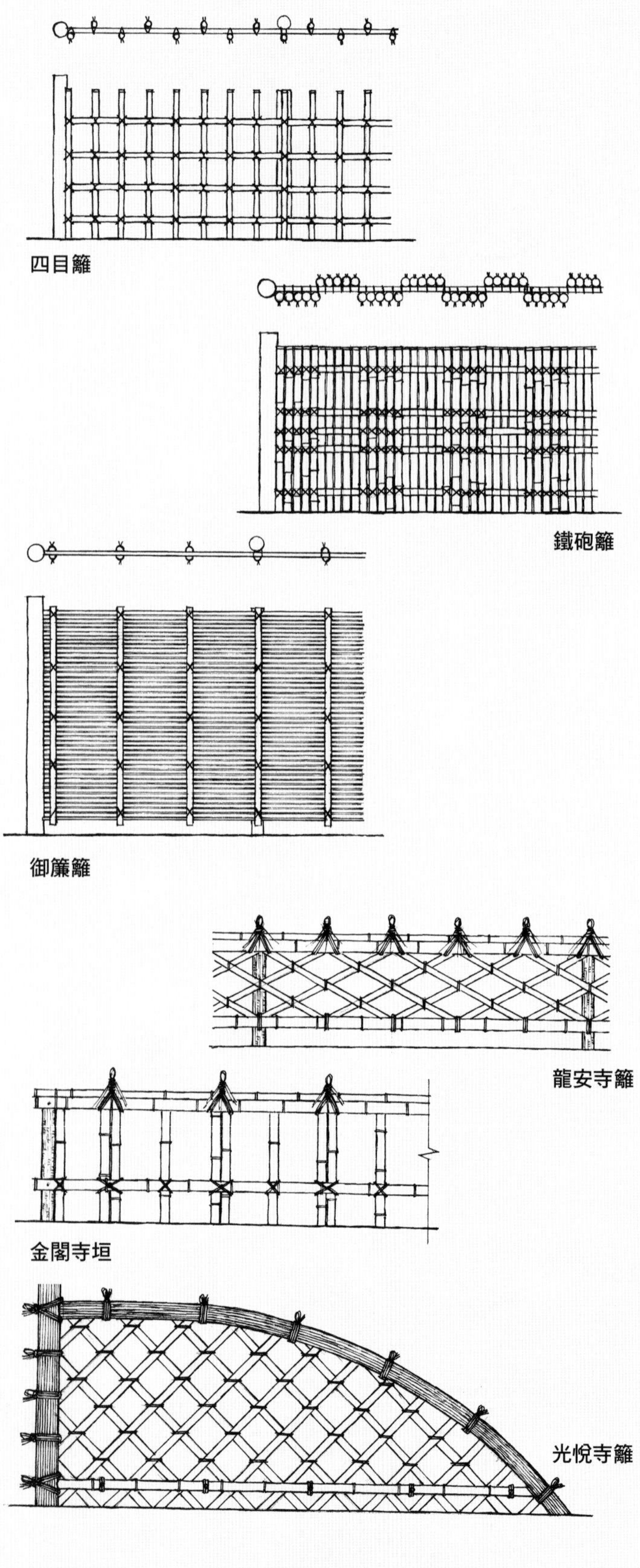
四目籬
鐵砲籬
御簾籬
龍安寺籬
金閣寺垣
光悅寺籬

點是比鋁製等裝飾柵欄有趣，而且容易製作。缺點是耐用年數較短，只有4～6年。

【使用的材料】

○杉木或檜木的圓木（長1．6～1．8m，末口徑5～9cm）○細苦竹（通稱為唐竹）○棕櫚繩 ○鐵釘（6．4cm）

【使用的工具】

鋸子、錐子、鐵鎚、鑿子、水線、尺、剪刀、鏟子、水平器等。

圖② 建仁寺籬的標準圖（兼結構圖）（單位mm）

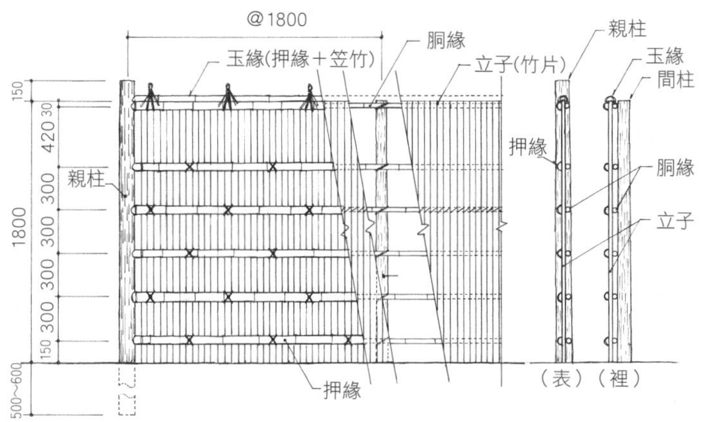

@1800
胴緣
玉緣(押緣＋笠竹)
立子(竹片)
親柱
玉緣
間柱
押緣
胴緣
立子
親柱
押緣
150
420
30
300
300
300
300
150
1800
500~600
（表）（裡）

圖③ 四目籬的作法流程（單位mm）

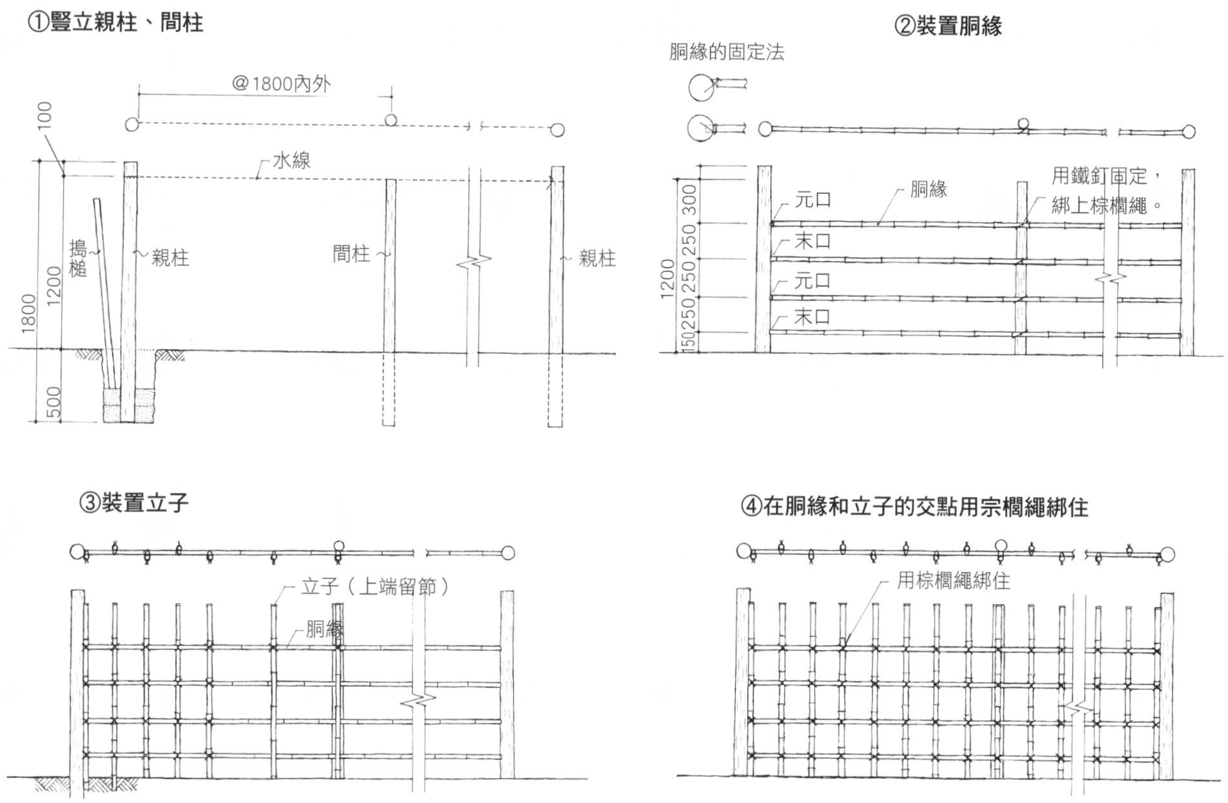

①豎立親柱、間柱
@1800內外
100
水線
搗槌
親柱
間柱
親柱
1800
1200
500
②裝置胴緣
胴緣的固定法
胴緣
用鐵釘固定，綁上棕櫚繩。
元口
末口
元口
末口
300
250
250
250
150
1200
③裝置立子
立子（上端留節）
胴緣
④在胴緣和立子的交點用宗櫚繩綁住
用棕櫚繩綁住

使用黑穗的竹穗籬。押緣橫跨2段，上部掛玉緣。竹穗的裝置法是上部朝下，下部朝上。

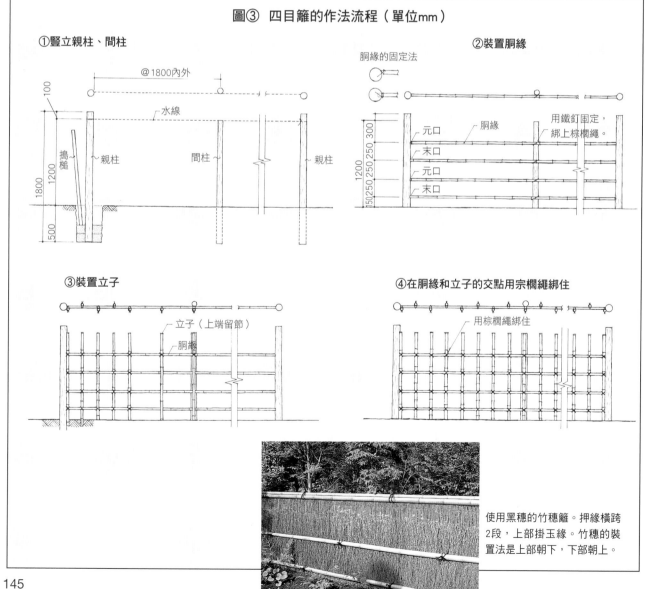

圖④ 棕櫚繩的綁法（疣結）

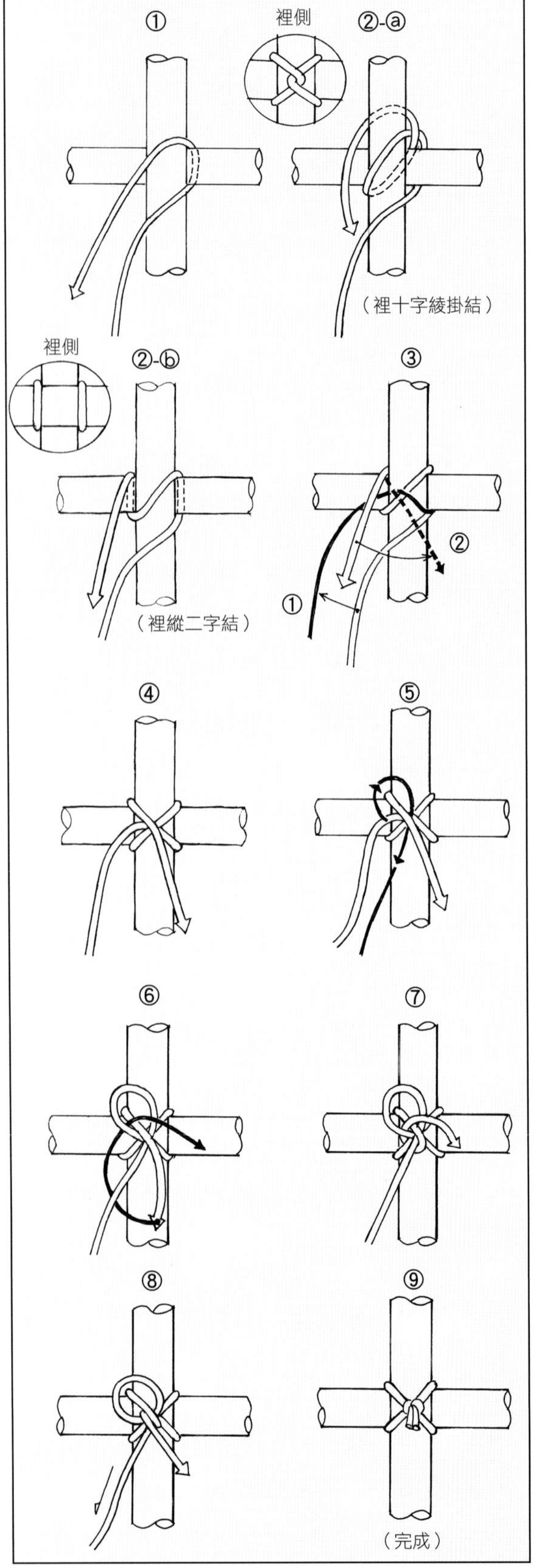

〔裝置法〕

①事前準備

依據製作籬笆的場所來決定表、裡關係。一般若面對道路設置的話，以道路側為表。若是庭內區隔籬，在前庭（包含從正面走到玄關的通路空間）和主庭之間是以前庭側為表。

施工場所要一定程度整平，並把周圍收拾整齊，才容易進行作業。

②豎立親柱

首先豎立親柱。在製作籬笆的位置兩端挖洞，首先把一邊的親柱以比籬笆高約10～15cm的方式，內外都埋深50cm豎立。邊前後左右觀察柱子，邊筆直豎立，然後邊回填土壤，邊用搗槌確實搗實以免晃動。

接著以同法豎立另一邊的親柱。此際，在柱穴的外側豎立細竹，和先前豎立的親柱之間拉水線，以鎖定的高度拉出水平線，依據此高度豎立就會整齊。

同時，在柱穴豎立好圓木回填土壤時，別一次填完，應分數次邊填土，邊用搗槌充分搗實，如此才會牢固。

③豎立間柱

在兩端親柱之間，依據竹籬的高度拉水線，間柱是以1．8m間隔豎立。豎立間柱的位置因和裝置胴緣有關，故要比兩親柱的芯與芯略靠裡側。而且，下部也要拉水線，讓豎立作業更便利。

④裝置胴緣

柱子豎立完畢後，接著裝置胴緣。首先，決定胴緣的段數以及裝置的間隔（這稱為割間），同時用紅色鉛筆等在柱子上做記號。之後依據記號裝置胴緣，起先用鐵釘固定在親柱。此際雖有枘入法和直接裝置法兩種，但請儘量採用前者方法為宜。接著，依序用鐵釘固定在間柱上。

同時，在裝置胴緣之計，各段的元口不要都固定在一方的親柱上，應該第一段若是元口，第二段就用末口般，以交錯方式進行固定為宜。而且打鐵釘時，別直接打入竹子以防裂開，需要先用錐子鑽洞後才打鐵釘。

如果要延長籬笆長度，必須連接竹子，此時把末口插入下一個胴緣的元口。連接部位儘量靠近柱子，同時各段的連接部位也避免在相同位置。

胴緣裝置完畢後，在裝置胴緣的間柱部位，用棕櫚繩綁住固定。

⑤裝置立子

接著要裝置立子。在兩親柱間再次依據籬笆

高度拉水線，同時把裝置立子的間隔（亦即割間）在胴緣上做記號。之後，把準備的立子末口節點朝上，依記號豎立，並用木槌敲打頭度，以水線高度為基準調節高度。最後在和胴緣的交點用棕櫚線綁住。這種立子如圖③所示，原則上採用表裡交錯方式裝置。起先表面（前面）的立子是間隔一個記號裝置，接著裡面（後面）的立子則裝置在兩支表面立子的正中間，如此即可取得平衡。

⑥用棕櫚繩綁住

胴緣和立子的交點全都用棕櫚繩打疣結（圖④）固定，結點放在裝置立子的那側。而柱間的立子是用裡十字綾掛結，裝置在間柱前的立子則用裡縱二字結固定。

而且因唯恐全都採用疣結，會使外觀看起來

圖⑤ 四目籬的造型例（單位mm）

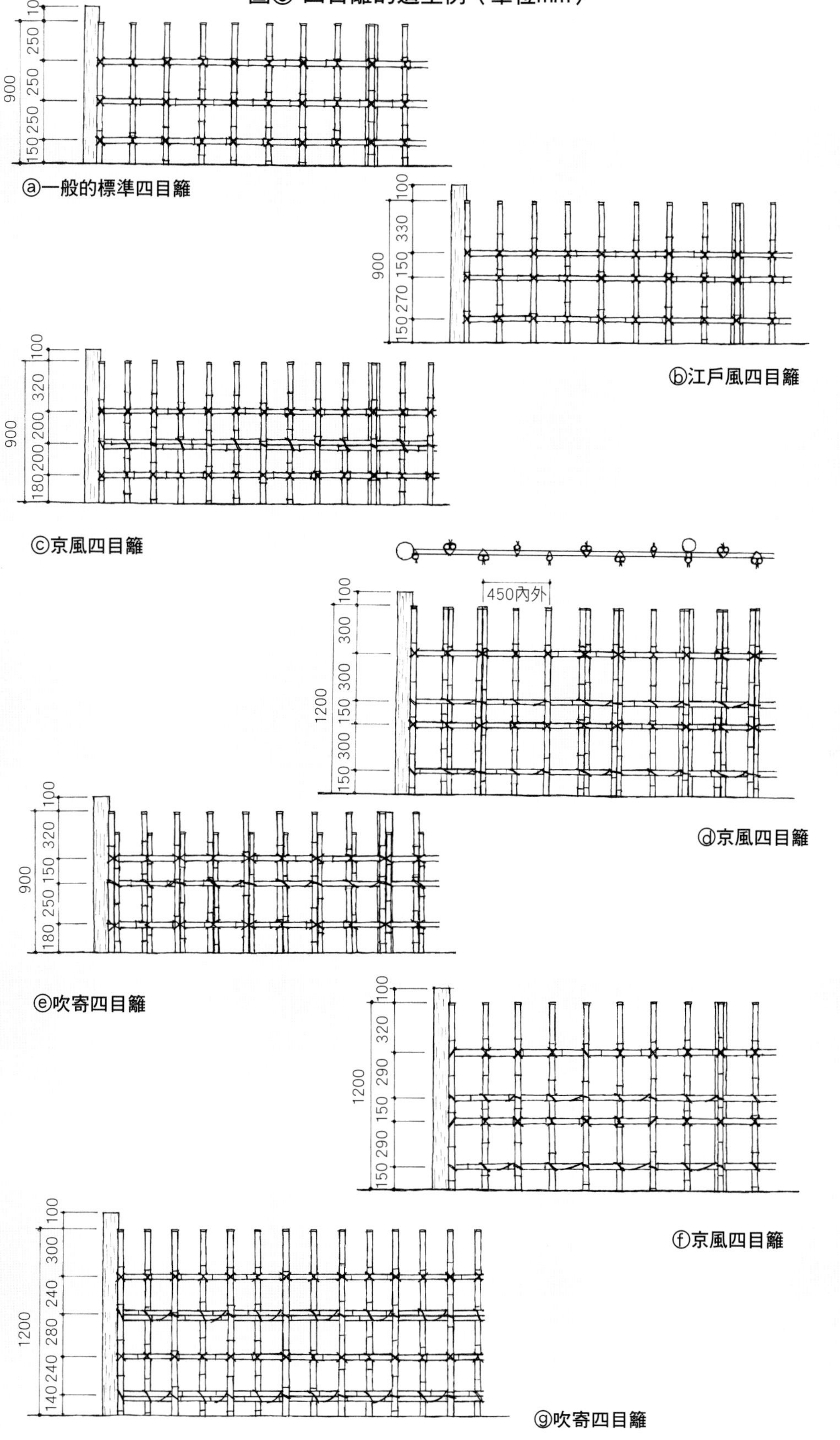

900
100
250
250
250
150
ⓐ一般的標準四目籬
900
100
330
150
270
150
ⓑ江戶風四目籬
900
100
320
200
200
180
ⓒ京風四目籬
450內外
1200
100
300
300
150
300
150
ⓓ京風四目籬
900
100
320
150
250
180
ⓔ吹寄四目籬
1200
100
320
290
150
290
150
ⓕ京風四目籬
1200
100
300
240
280
240
140
ⓖ吹寄四目籬

較呆板，故為了製作變化，有些地方尤其是關西，會混合絡結，或全部採用絡結。

⑦完成

最後把作業中產生的殘餘材料、切落的屑片等處理掉，或者清掃乾淨，整平立子的基部地面即算完成。

◆四目籬的造型例（圖⑤）

圖ⓐ—這是一般常用的標準四目籬。

圖ⓑ—又稱為江戶風四目籬。從上端到第1段為止較寬，而第1段到第2段較窄，第2段到第3段又稍微加寬的割間籬例子。

圖ⓒⓓ—這稱為京風四目籬。ⓒ有3段胴緣，吹寄型的中央（第2段）為其特色。ⓓ有4段胴緣，把中間2段的間隔拉靠變窄，部分立子做成吹寄型為其特色。

圖ⓔ—這是吹寄四目籬的例子。雖和ⓐ一樣有3段胴緣，但其第2段和第3段的胴緣割間加寬，加入吹寄型立子為特徵。

圖ⓕ—形狀和ⓓ一樣有4段胴緣，但部分的立子做成吹寄型，全部都只用1支竹子。

圖ⓖ—也是4段胴緣的形狀。但第2段和第4段是吹寄型。立子一般都只用1支竹子。

◆御簾籬的作法（圖⑥）

御簾是指古代貴人使用的竹簾，因籬笆型態和這種竹簾相似，故取名御簾籬。

結構是由橫跨的組子和縱跨的押緣所組成。但依據組子的材料（漂白的竹、萩、清水竹等）種類或粗細，或者押緣的跨法不同，可以變化出許多造型。

【使用的材料】

○檜、杉、栗等的圓木（末口徑10～12cm）

圖⑥ 御簾籬的作法流程（單位mm）

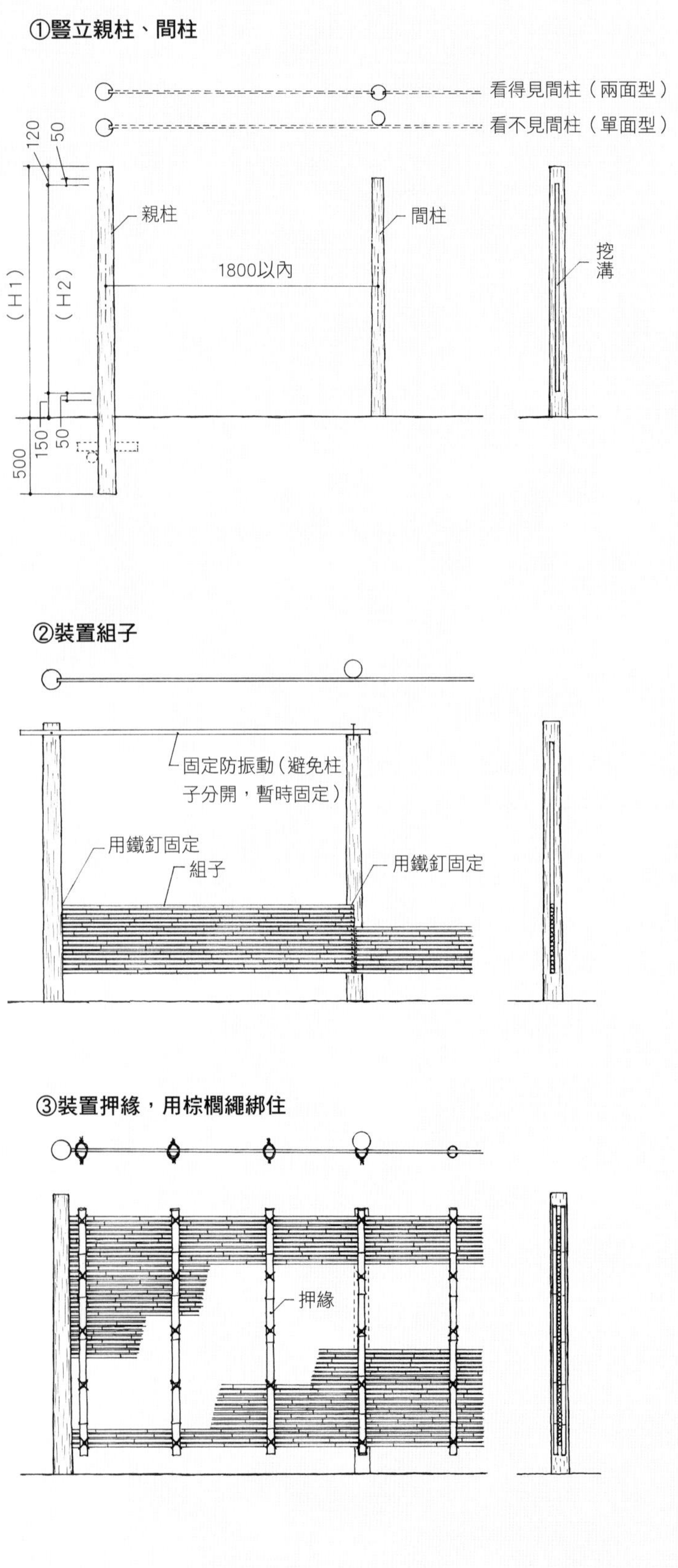

①豎立親柱、間柱
看得見間柱（兩面型）
看不見間柱（單面型）
120
50
親柱
間柱
挖溝
1800以內
（H1）
（H2）
500
150
50
②裝置組子
固定防振動（避免柱子分開，暫時固定）
用鐵釘固定
組子
用鐵釘固定
③裝置押緣，用棕櫚繩綁住
押緣

○組子用的竹（漂白的竹、萩、清水竹等）○押緣用的竹（苦竹的徑5～6㎝）○鐵釘 ○棕櫚繩

〔使用的工具〕

鋸子、鑿子、錐子、剪刀、水線、鐵鎚、鏟子。

〔作法〕

①材料的事前準備

使用的親柱材表面要稍微燒焦、磨亮，並塗抹防腐劑（木餾油〈kreosot〉等）。

在親柱挖出裝入組子用的上下一直線狀溝槽。溝寬依據使用的材料來決定。深度約1.5～2㎝。

押緣用的苦竹，用刷子等沖洗去污。

②豎立親柱、間柱

把親柱、間柱垂直又牢牢豎立在鎖定的位置。柱和柱的間隔依材料約在1.8m以內。而且各柱避免在裝組子時分開，跨上橫木等，用鐵釘暫時固定。

③裝置組子

在親柱的溝槽上，從下依序插入組子用的竹子，並用鐵釘固定在柱上。裝置組子時要隨時保持水平為要。因竹子的元口和末口粗細不同，故要交錯使用才不會產生縫隙，而且可保持水平。至於間柱是直接打鐵釘固定。

④裝置押緣

組子裝置到上端之後，縱跨押緣。這種押緣一般是用切兩半的苦竹片，但也有把2支組子的竹子合起來使用的情形。裝置法是把上部保留節的竹子，以上下都稍微凸出組子寬度的狀態，在各要點用棕櫚繩綁住。若是需要加間柱般的較長型竹籬，還要計算讓押緣到達間柱的距離。

⑤用棕櫚繩綁住

押緣全部用棕櫚繩綁住即完成。綁法使用疣結（146頁圖④），但若是兩面都看得見的情形，要讓表裡兩面都有結點較美觀，此際需要2個人同時打結。若只有表面露出的話，使用普通的疣結綁住即可。

⑥完成

最後拆掉暫時固定的橫木，清掃乾淨就大功告成。

◆金閣寺籬的作法（圖⑧）

這是在京都市名剎鹿苑寺（通稱金閣寺）庭園內的茶席夕佳亭附近所設置的竹籬形式，結構是由柱子、玉緣、押緣、立子所形成的簡單形狀。高度通常低於80㎝，依場所有時更低，大體以50～60㎝居多。是屬於比較容易完成，外觀也美的竹籬，故被廣泛利用。

〔使用的材料〕

○杉或檜的圓木（末口徑5～6㎝）○立子用的竹子（徑4～5㎝的唐竹）○押緣、玉緣用的竹子（元口徑6～8㎝的苦竹）○棕櫚繩 ○鐵釘

〔使用的工具〕

鋸子、錐子、鐵鎚、剪刀、水線、鏟子等

〔作法〕

①畫圖面

預先畫圖，大致決定高度、割間等大體形狀。

②豎立親柱、間柱

在製作竹籬的場所整地，首先把兩端的親柱以低於完成後竹籬高度的狀態，垂直牢牢豎立起來。

接著，在兩親柱之間拉起水線，依據鎖定的間隔豎立間柱。使間柱和兩親柱排列成一直線。間隔雖會因立子間隔而有些許變化，但以1.8m為標準。

③豎立立子

依據拉開的水線，在鎖定的割間豎立立子。立子用木槌等稍微打入地中，筆直豎立。

④裝置玉緣

圖⑦ 金閣寺籬的造型例

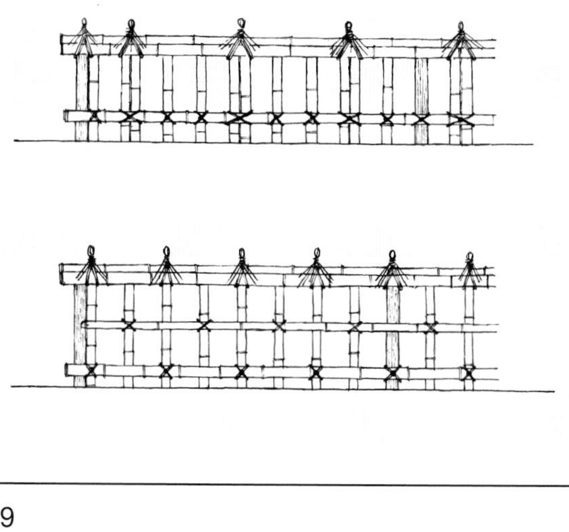

立子豎立完畢後，接著裝置玉緣。首先在竹籬的上部，用可蓋住柱子和立子的對半切竹片抵住，在接觸柱子處打鐵釘固定。之後把笠用竹放在頂端，用鐵絲等暫時固定，同時在柱子處打鐵釘固定。

接著，在預備綁棕櫚繩的位置，先用鐵絲牢牢綁緊。

⑤裝置押緣

之後，裝置側面的押緣。這裡也用切兩半的竹片從表裡分別夾住柱子、立子般抵住，先做暫時固定，並在和柱子接觸處打鐵釘固定。同時，押緣依據竹籬高度，有使用1支或2支的情形，通常是使用2支，此際一方是用切兩半的苦竹，另一方是用唐竹的圓竹。

⑥用棕櫚繩綁住

最後的修飾作業是使用裝飾用的棕櫚繩結。

而玉緣如圖⑨一般，在固定間隔上打棕櫚繩結。而側面的押緣，是在各立子的交點打疣結（146頁圖④）。而且若是兩面都看得見的情形，側面的棕櫚繩結的結點要表裡交錯出現。若只單面看得見，就只在表面打結即可。

⑦完成

最後再次檢查立子是否垂直豎立，然後處理周圍的殘餘材料，整平竹籬地表部分即可。

圖⑧ 金閣寺的作法流程

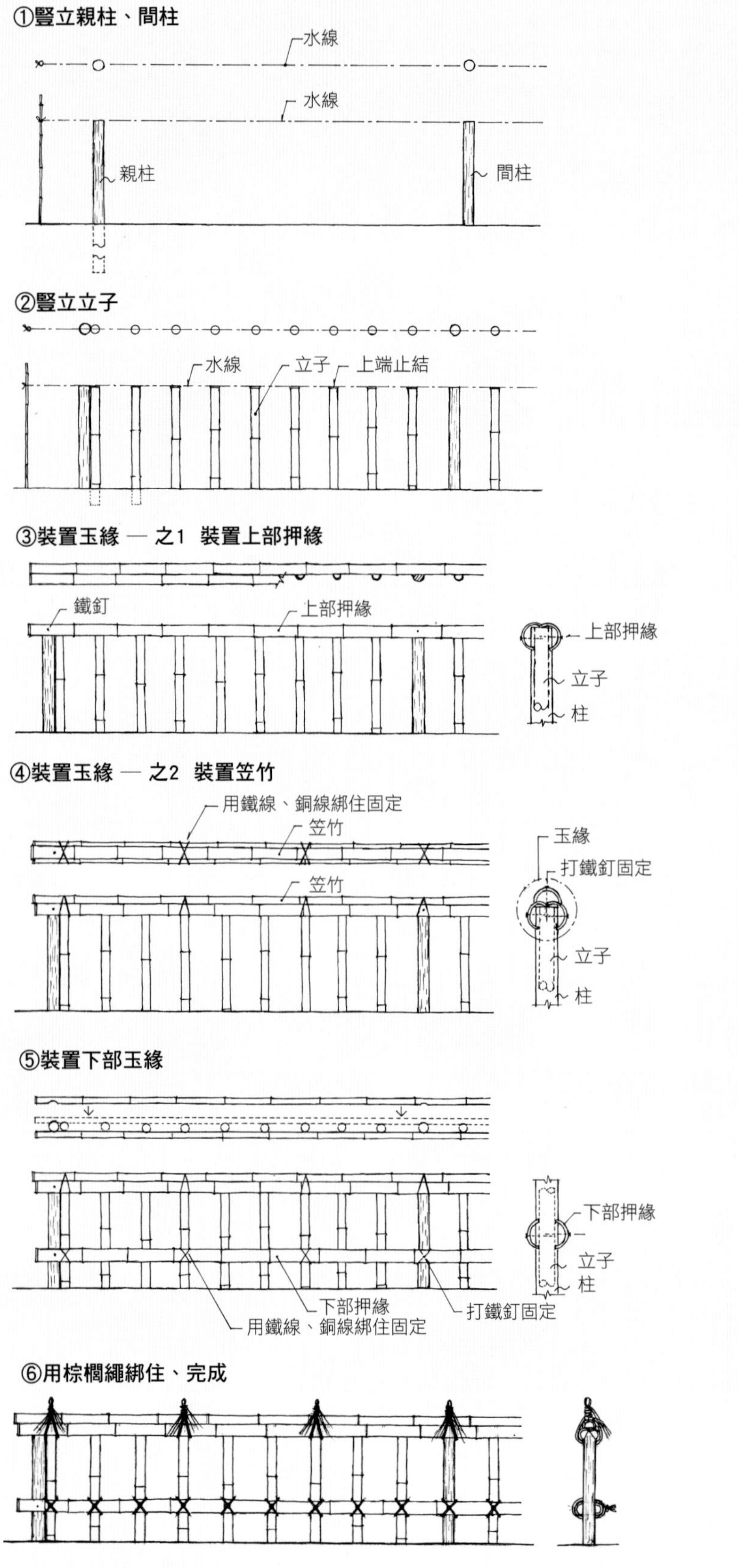

①豎立親柱、間柱
水線
水線
親柱
間柱
②豎立立子
水線
立子
上端止結
③裝置玉緣 — 之1 裝置上部押緣
鐵釘
上部押緣
上部押緣
立子
柱
④裝置玉緣 — 之2 裝置笠竹
用鐵線、銅線綁住固定
笠竹
笠竹
玉緣
打鐵釘固定
立子
柱
⑤裝置下部玉緣
下部押緣
立子
柱
下部押緣
用鐵線、銅線綁住固定
打鐵釘固定
⑥用棕櫚繩綁住、完成

竹籬的種類

當作外籬的大規模網代籬。是把細篠竹編織成網代形狀，再掛押緣、玉緣而成。

使用粗圓竹的立子製作的鐵砲籬。並非吹寄型，而是把一支支的竹子表裡交錯地綁在胴緣而成。

使用顏色不同的竹子編成網代形狀，成為有圖案的網代籬。組子是使用切細片的竹片。

放在石牆上的竹穗籬。竹穗朝上重疊數層，使上部好像掃帚狀，再掛上兩段的吹寄押緣。

組子使用漂白的竹子，形成類似竹簾狀的標準型御簾籬。上部加入幾支黑竹做裝飾，再掛上板材的屋頂。

（設計/三橋一夫）

把組子組成細緻菱目的小規模光悅寺籬。適合庭園添景用或當袖籬。

圖⑨ 玉緣的棕櫚繩綁法

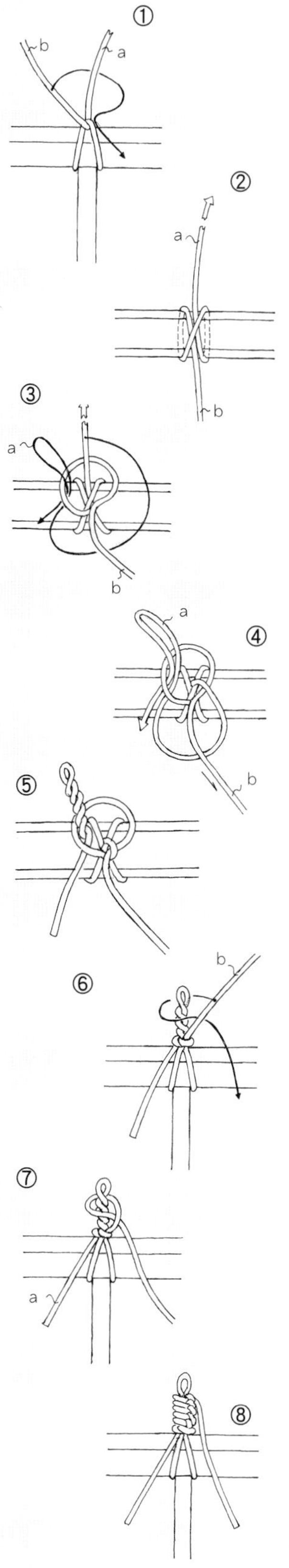

仿照平安時代畫軸所畫的形狀加以重現的古式竹穗籬。把整束的竹穗組合成合掌風，其叉開的竹穗模樣為特色。（設計/吉河功）

設置在石牆上的押緣和防振動固定，屬於標準形式的竹穗籬。上部還掛有把竹片笠蓋在板材上的屋頂。

下部鋪小圓石墊石的4段押緣竹穗籬。上部稍微分叉的防振動固定用竹穗，是使用成束的竹穗做成。

使用稱為釣樟的樹木細枝做立子所構成的釣樟籬。上面加掛屋頂，顯得很氣派。

應用四目籬，結構有趣的區隔籬。變化立子的高度，在重點處設立拱門相當別緻。

如同本歌做成有高度的正統桂籬。在等間隔排列的縱押緣上部，掛上橫押緣為其特徵。

沿著通路，設計成蜿蜒狀的金閣寺籬。部分的籬笆是傾斜結構，試圖把視線自然誘導入庭園內。

設置在高石牆上當作外籬的建仁寺籬。除了橫跨的3段押緣外，頂端還加掛玉緣。

把燒焦的柱子故意展現在表側的單面型建仁寺籬。等間隔地橫跨押緣，再加掛玉緣。

設置在正統鋪瓦屋頂下面的南禪寺籬風清水籬。主要部分的立子使用漂白的竹子，部分插入黑穗。

設置在建物角落的萩袖籬。除了當作庭園景色的區隔外，也是重要的添景物。

有簡易木板屋頂的釣樟籬。橫跨的押緣也是使用成束的釣樟材。

沿著面對正殿的石階旁製作的本歌龍安寺籬。將切成兩半的竹片組合成菱形。

飛石

藉由石塊種類和打法模式，把步行空間佈置地多采多姿

常和鋪石等一起製作日式庭園通路的飛石，現在不僅使用在日式庭園，還能藉由素材種類和打法活用在西式庭園或者公園裡。

飛石是裝飾步行空間的要素，和鋪石一樣擁有重要地位。

而且，飛石成為日式庭園造型構成要素的時期，和石燈籠同樣在桃山時代左右，都是隨著茶道的流行開始興建茶庭之後的事。

◆飛石的種類

●依形狀、大小區分

一足用—只能容許一腳踩踏的大小。直徑約30～40cm。

二足用—足夠兩腳一起踩踏的大小。直徑約40～60cm。

臼石—利用原本用來磨粉的石臼當作飛石，但最近多半用模具新造的產品。

伽藍石—使用古社寺建物柱下的基礎石，上面配合柱子的大小加工成型的種類。多半較大，故一般當踏分石使用。

短箋石—加工成長方形的石塊，因其形狀和書寫日本詩歌等的短箋相似，故如此取名。

●依形式區分

真—用切石做飛石的總稱。

行—用大石塊做飛石的總稱。使用大塊的自然石，或把自然石做部分加工的石塊。大小通常是40cm～1m。

草—用小石塊做飛石的總稱。多半直接使用自然石。

其實，行和草很難明確區分。而且造景時也常會混合大小不一的石塊。

◆打飛石的場所

①從正面到玄關門廊的通道。這時候會使用切石的飛石

②前庭的通道（主要是鋪石道）走到主庭的通路。

③從建物前的踏脫石、露台等連接其他設施（庭門、石燈籠、手水缽、拱門、池塘等）的通路。

④觀賞庭園的回遊通路。

⑤試圖統合建物前之平面空間的景觀。

⑥可跨越流水的通路（澤渡）。

飛石兼具當作庭園內通路的實用面，以及當作添景物的觀賞面兩種功能。

◆飛石的材料

當作飛石的材料，只要表面平坦的任何材質都可使用，但配合打造場所的風格和景色來決定材質也很重要。

在選擇飛石材料時，並非任何種類都能合乎理想，必須注意下列幾點。

①飛石上面（頂端或是踏面）務必平坦，需要20cm平方以上。這以容易行走的實用面而言，相當重要。

②中央沒有凹洞，以稍微中高型最理想。有凹洞必然會積水，故不適合實用。

③磨損較少，而且厚度在10cm以上。

④最近的市售品幾乎沒有自然石，多半是加工品，故選擇加工上較自然的為宜。至於原本可當飛石用的自然石類包括如下：

鞍馬石（京都府產）．花崗岩質。

丹波石（京都府產）．花崗岩質。又稱為丹波鞍馬石。

甲州鞍馬石（山梨縣產）．花崗岩質。

伊予石（愛媛縣產）．石質是綠泥角閃片岩。

紀州石（和歌山縣產）．綠泥片岩。

秩父石（崎玉縣秩父產）．綠泥角閃片岩

根府川石（神奈川縣小田原市產）．兩輝石安山岩。

等等。

切石等加工石有花崗岩的板狀切石、大谷石（凝灰岩質）、白川石（花崗岩質）等直方體狀的切石。

人造石、混凝土製品則有洗出完成等等的人造飛石、裝飾混凝土平版等。

除此之外，現今也有使用枕木或人造枕木等的情形。

◆飛石的設計和打法（圖①）

飛石雖是為了步行打造的，但配置上也要走起來舒暢才理想。同時也是庭園造景上的重要因素，故務必做得漂亮才行。

古人曾說，以飛石的用途而言，利休主張行走佔六分，造景佔四分；而織部主張行走佔四分，造景佔六分。

可見都以實用為基本，同時也相當注意景觀。若只單純要求容易行走的飛石，只要實際走走看決定位置，即可簡單完成，但若要講究美觀就有些難度了。

飛石的打法因其大小、形狀能變化多端。但自古就聞名的打法有

■直打 ■千鳥掛 ■二連打 ■三連打

■二三連打 ■雁掛 ■筏打 ■大曲

等打法。不過，並非一定要採用以上打法，這只是打法例子罷了，請依據飛石材料的形狀自由設計吧！

◆飛石的施工法和要點（自然石類的情形）

①決定設置位置

圖① 飛石的各種打法

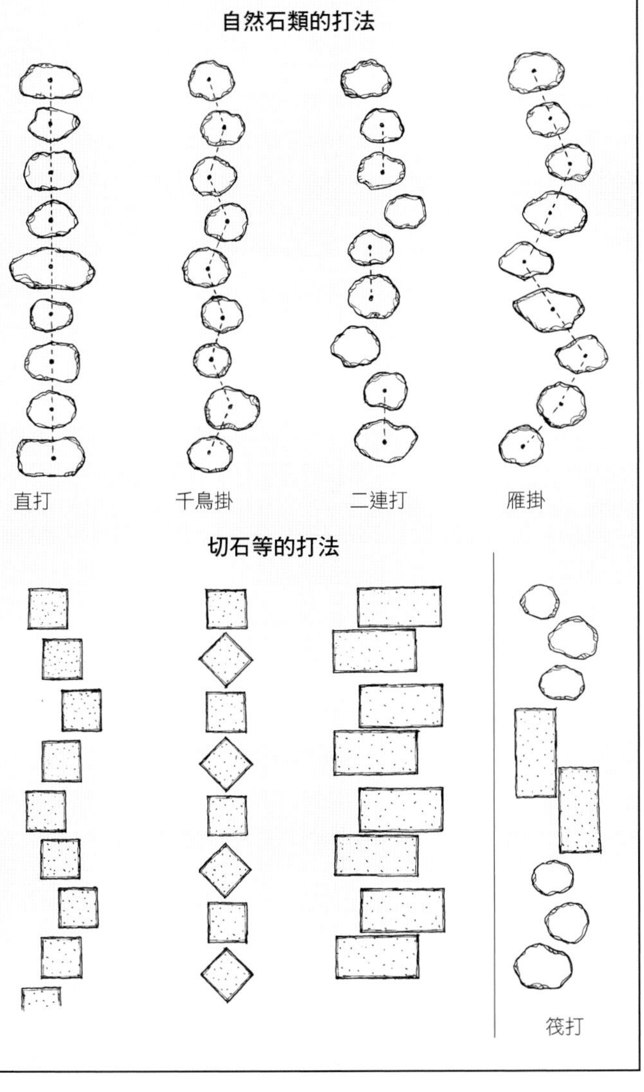

預先在規劃圖上決定好飛石的設置位置和方向（也要計算必要片數），當然要能襯托施工場所。

②搬入材料

把材料搬入鎖定的位置，依據大致間隔配置看看。

③暫時配置

邊觀察走在各飛石的感覺以及景色、大小配置、連接是否協調（石塊形狀的凹凸協調），邊決定配置位置。飛石和飛石的間距以10㎝左右為標準，可依據石塊的大小、形狀、打法加減。

步寬（從飛石的中央到另一飛石的中央）以50㎝左右為基準。茶庭等一般採用40～45㎝（圖②）。

配石上應注意ⓐ橫長的石塊別打成二字形、ⓑ行走的路徑別交叉成十字形、ⓒ別連續配置同形、同大小的石塊，要大小摻差使用、ⓓ分歧點要使用較大型的石塊（例如伽藍石等）（圖②）、ⓔ無論石塊大小，步寬要保持一定程度為宜、ⓕ幹線和支線要能明確分辨、ⓖ別把長方形石塊的長端朝前進方向（亦即縱長排列）等。

④正式配置

接著把暫時配置的石塊稍微挪開到旁邊，然後依據石頭的形狀、厚度、完成後的頂端高度等進行挖洞。再把飛石移入洞裡，使用水平器邊觀察和其他飛石的水平，以及自身的水平，以鎖定高度配置下來。頂端高度以3～9㎝為基準，但可依據石塊的大小加減。通常茶庭的飛石較低，一般住宅庭園的飛石較高。

之後，充分搗實擺放飛石周圍的土壤和飛石裡側的土壤，以免踩踏時會搖晃不穩。若能在配置位置的4角落墊些小石頭、混凝土片，將會更牢固。同時要注意，原本水平的飛石，在填土時要被推高的情形（圖③）。

結束填土和搗實作業後，再次使用水平器確認水平，有差錯時立即矯正。

⑤擺放各個飛石

同法，依序配置各個飛石。

⑥完成

最後把完成飛石後剩餘在周邊的土壤整平，用水洗掉飛石上的污穢、泥土等。

圖② 步寬和間距

飛石的步寬以50cm左右為基準，飛石的間距以10cm左右為基準。

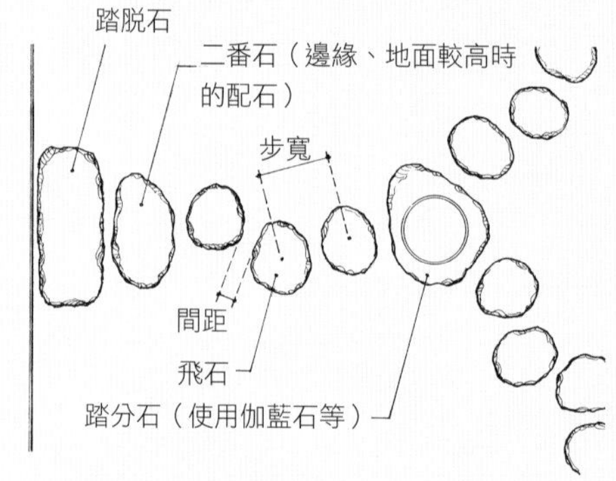
踏脫石
二番石（邊緣、地面較高時的配石）
步寬
間距
飛石
踏分石（使用伽藍石等）

圖③ 飛石的配置法 —之一

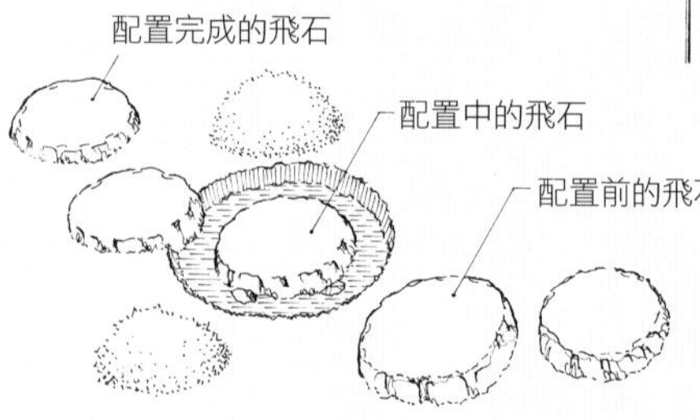
配置完成的飛石
配置中的飛石
配置前的飛石

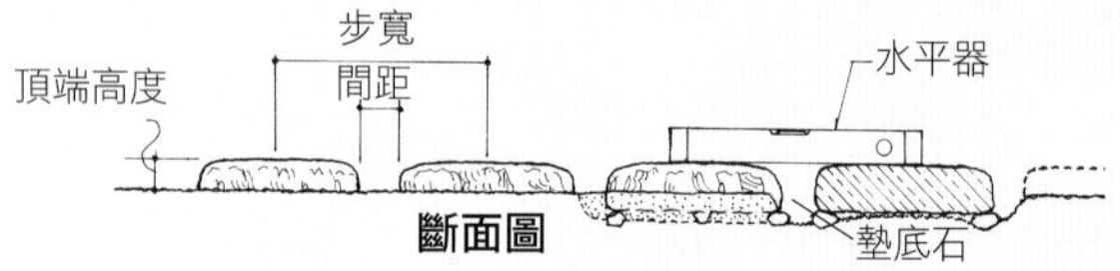
步寬
間距
頂端高度
水平器
斷面圖
墊底石

圖④ 飛石的配製法 —之2

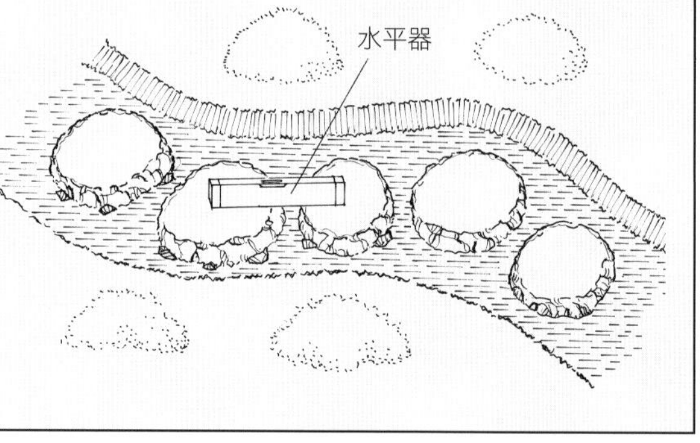
水平器

①配合石塊的大小、厚度，把飛石通過的路挖寬一些，同時挖出需要的深度。
②飛石配合規劃的步寬，暫時配置。
③依序隨著步寬，邊觀察風景邊配置各個石塊。
④配置完畢後，回填周圍的土壤，確實進行滾壓整地。

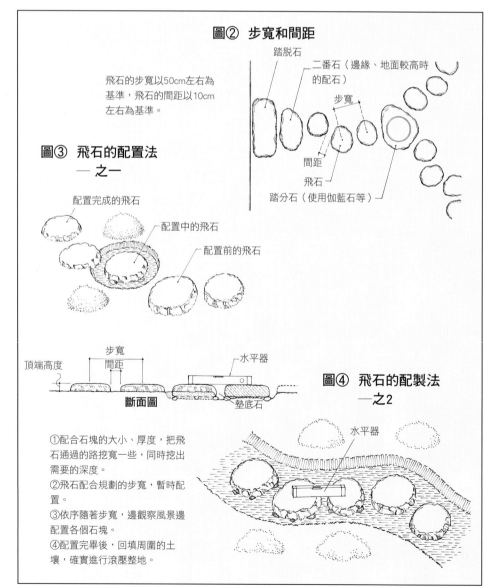

飛石的種類

途中配置大橢圓形的飛石，讓行進的景色有變化性地演出。

在青苔中不規則地打入大小不一的自然石，形成自然感十足的散步路徑。
（設計/三橋一夫）

在排水溝旁的石子上添加飛石，成為出入屋簷內的接點配石。

配置在屋簷內前面的飛石。組合大小不一的自然石，呈現活潑的變化。

露地的腰掛待合（坐下等待）附近的役石和飛石景色。看起來十分沈穩舒暢。

配置在園路中途的筏打切石是重要景點。

鋪砂中巧妙配置大石塊形成飛石。而旁邊的小石塊則有統合景色的效果。

配置在飛石園路途中的自然石亂鋪鋪石。是很有效果的道路景點。

設置在京都市-金地院的枯山水庭園一角的切石飛石。這種打法稱為「鱗打法」。

設置在前往茶席之露地中門附近的飛石景色。

在白砂空間中，使用大石塊和小石塊以千鳥打法風左右交錯配置，形成平衡良好的飛石。

設置在寬大庭園空間的大型踏分石，成為飛石的重點景觀。

設置在走向露地蹲踞通路上的飛石景色。

把小飛石聚集一起，看似一塊飛石的配置手法。

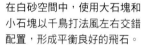

鋪石

以自然石或切石的佈置來欣賞美麗的色彩和排列

前往古都京都的社寺，會發現從其參道或門走向玄關的通路，都有美麗的鋪石。仔細欣賞，圖案多采多姿，各具特色、風情和趣味。

所謂鋪石是指以各種設計把自然石或切石等鋪成平面的總稱。會成為庭園要素之一，是隨著茶道流行開始興建茶庭之後的事。

在古文獻上，鋪石又稱為疊石、石段、石疊等。另外，「延段」這個用語，雖然在古文獻上看不到，但從文意可推測是指在一定寬度以直線（包含緩曲線）狀延長成形的鋪石。

◆鋪石的特性

①和飛石不同，通路等整體都很平坦，容易步行也比較不滑。

②依據素材種類、鋪法、組合法等，可採用各種設計，能欣賞色彩之美和配列之美。

③藉由素材種類，可呈現豪華、厚重感

④也有「區隔」功能，用來區隔草坪和鋪砂等空間。

◆鋪石設置的場所

①從公路、正門走到玄關的通路。

②可當連結庭園內各個設施，或從起居室等房間前往各個設施的聯絡通路。

③當作屋簷內、露台等連接建物的部分。

④不僅可當作庭園內的通路，也可配置成景點。

鋪石依據貼法、組合法，可創作各種設計。（設計/三橋一夫）

◆鋪石材料的選法

要進行鋪石前，首先要選定材料。亦即選擇鐵平石或切石等，定下設計的基本。

反之，先決定設計後再選擇材料也可以。

無論如何，到庭石店等購買材料時，因使用場所不同，故即使材料種類相同，也要選擇不同形狀的，因此請留意下列幾點。

①中側用的石片，必須有一面具備較大面積的平坦部分。

②凹凸要少。尤其是大石塊，要避免有凹陷部分。

③避免會滑。

④質硬耐磨損。

⑤石片的色彩別太華麗，以穩重為宜。

⑥邊緣用的石塊，要有兩個面的內角是呈現90～100度，亦即接近直線面。角落（隅）用的石片，要有三面內角是接近90度左右（圖①）。

◆鋪石的材料

切石類＝花崗石（俗稱御影石）、安山岩、丹波鞍馬石、丹波鐵平石、鐵平石、秩父青石、根府川石、侏羅石等進口材料。

自然石類＝伊予青小判石、秩父青小判石、木曾石、伊勢小圓石、淡路小圓石、那智黑石等。

◆鋪石的設計分類（圖②）

●依材料區分

切石鋪　用部分或全部加工過的石塊鋪成，完成後相當整齊。

自然石鋪　用未經人工加工的自然石鋪成。

寄石鋪　把切石、自然石加以組合鋪成。

●依材料使用法區分

布鋪　切石所使用的鋪法，縫隙朝一定方向前進。

文樣鋪　把自古以來的文樣用在鋪石上，只用切石的鋪法。代表性的是龜甲鋪。

亂鋪　切石、自然石都可使用的鋪法。縫隙不連續，以隨意的形狀完成。最廣泛地被使用。

●依有無縫隙區分

分為有縫隙鋪法和無縫隙鋪法。

◆鋪石的寬度

鋪石的寬度，依據設計場所的寬窄、長短而異，但大體約45～180cm。延段以45～70cm，屋簷內以70～120cm為標準。

◆鋪石的結構

鋪石的結構如圖③、圖④所示，共有ⓐⓑ兩種方法。ⓐ是先鋪基礎用的栗石片、礫石等，搗實然後再鋪灰泥，擺放石片。ⓑ是先鋪基礎用的礫石片、礫石等，搗實然後從上打混凝土，再抹灰泥，擺放石片。前者是使用厚石片，後者是使用薄石片的情形。

若是混合厚石塊和薄石塊的設計鋪石時，先用ⓐ法擺放厚石片，然後再用ⓑ法擺放薄石片來完成。

◆鋪石的施工法（圖③、圖④）

①拉繩子

首先在鎖定的位置，以想設置的面積拉繩子。

②開挖

把拉繩子的範圍當作基準，以鎖定的深度開

圖①　緣石、隅石的選法

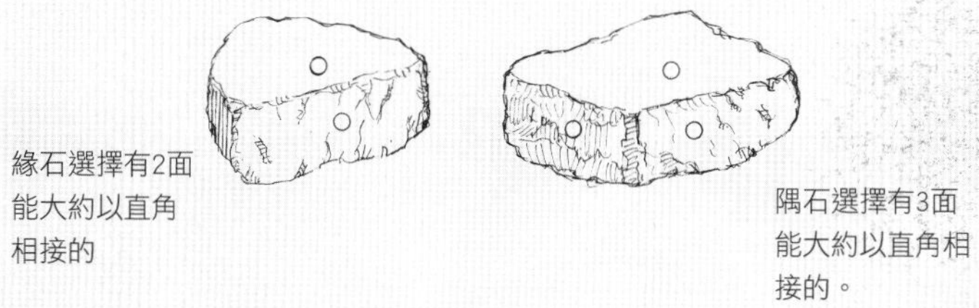
緣石選擇有2面能大約以直角相接的
隅石選擇有3面能大約以直角相接的。

圖②　鋪石的圖案例

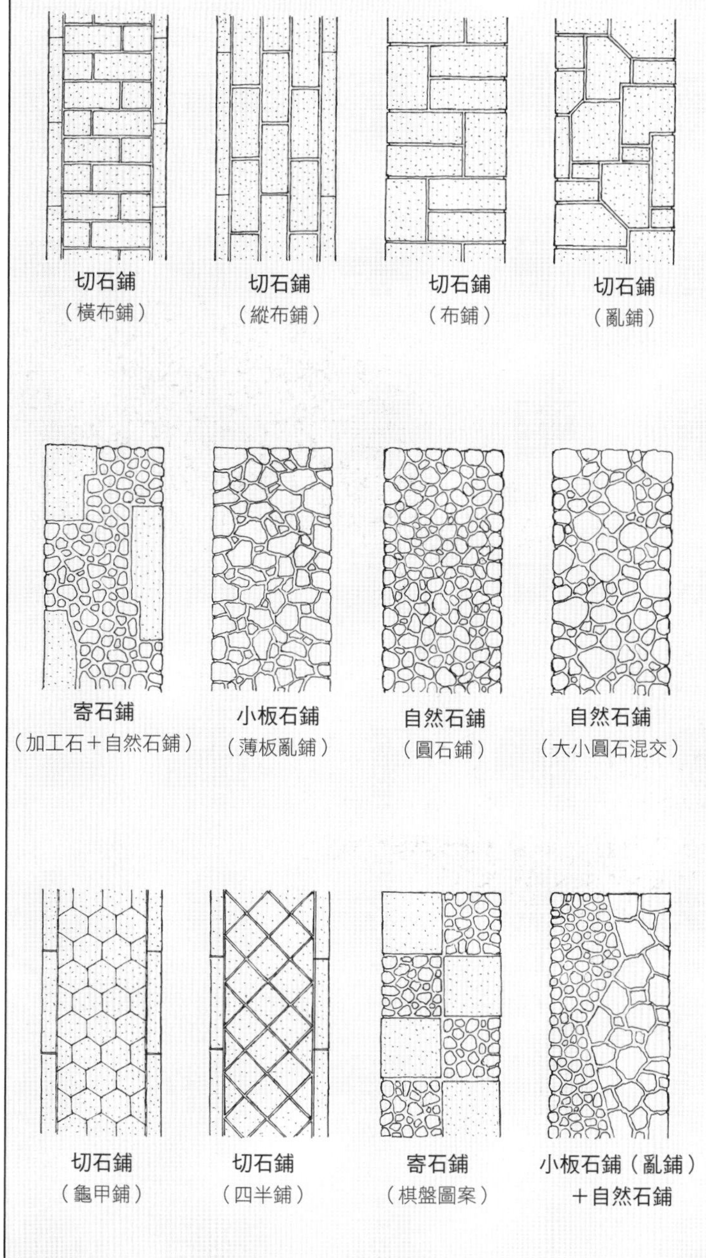
切石鋪（橫布鋪）
切石鋪（縱布鋪）
切石鋪（布鋪）
切石鋪（亂鋪）
寄石鋪（加工石＋自然石鋪）
小板石鋪（薄板亂鋪）
自然石鋪（圓石鋪）
自然石鋪（大小圓石混交）
切石鋪（龜甲鋪）
切石鋪（四半鋪）
寄石鋪（棋盤圖案）
小板石鋪（亂鋪）＋自然石鋪

挖，挖出比這範圍略大的面積。

③做基礎

把開挖後的底層部分，用搗槌或者角材等充分搗實，接著從上鋪滿栗石片、礫石等，再度搗實。如果是薄石片，在這上面依據鎖定的寬度設置模框，注入厚約10cm的混凝土，擱置1～3天。

④裝置或貼石片

做好基礎後，開始放置石片。首先在完成高度上拉水線。基礎上注入攪成略硬的灰泥（水泥1、砂2．5～3的比率），再放石片。上面抵住木板，用鐵鎚（薄石片不用抵住木板，直接用木槌或橡皮槌）敲打，讓石片下沈，配合水線固定。同法，把石片依序鋪上。原則上，石片儘量直接使用原形，但結合端不良時，可部分加工使其吻合。此際，厚石片要使用切石機（切石塊的用具）或鑿刀、鐵鎚（石工用的用具），薄石片則用專用鐵鎚等。

⑤預作縫隙

裝置石片時溢到縫隙部分的灰泥要削掉，彌補到不足的部分，把全部的縫隙整理成一定深度。寬度較寬的鋪石，要朝外側邊做排水坡度邊調整。

⑥填完成用縫隙材

在預作縫隙上，依需要的深度填埋縫隙用灰泥（準備白灰泥、彩色灰泥、墨色灰泥等），然後用縫隙抹刀抹平（圖⑤）。

⑦完成

最後沿著鋪石回填土壤，把地盤整平。

◆配石以及作業上的注意點（圖⑥～圖⑧）

- 主要以亂鋪（隨意鋪）為主，石片有大有小時，要考慮協調，先配置大石片、長石片，之後再用其他石片填補間隙。
- 邊緣和角落配置大石片，中側使用小石片較美觀。
- 雖說是亂鋪（隨意鋪），但要注意別把同大小、同形狀的石塊排在一起。
- 縫隙要避免形成四字形縫隙（十字形縫隙）、直線形縫隙（亂鋪時）、8字形（亂鋪時）等，用心組合石片（圖⑦）。
- 側面避免看到裝置時的灰泥，或者基礎用的混泥土。而且必要時，可堆小石子或緣石，或者貼薄石片來修飾（圖⑧）
- 附著在石片上的灰泥，趁早用水洗掉。
- 縫隙寬度稍微寬些較美觀。一般是1～3cm，但可依據素材、石片大小來加減。而且縫隙的深度以略深些較理想，至少要在1cm以上。

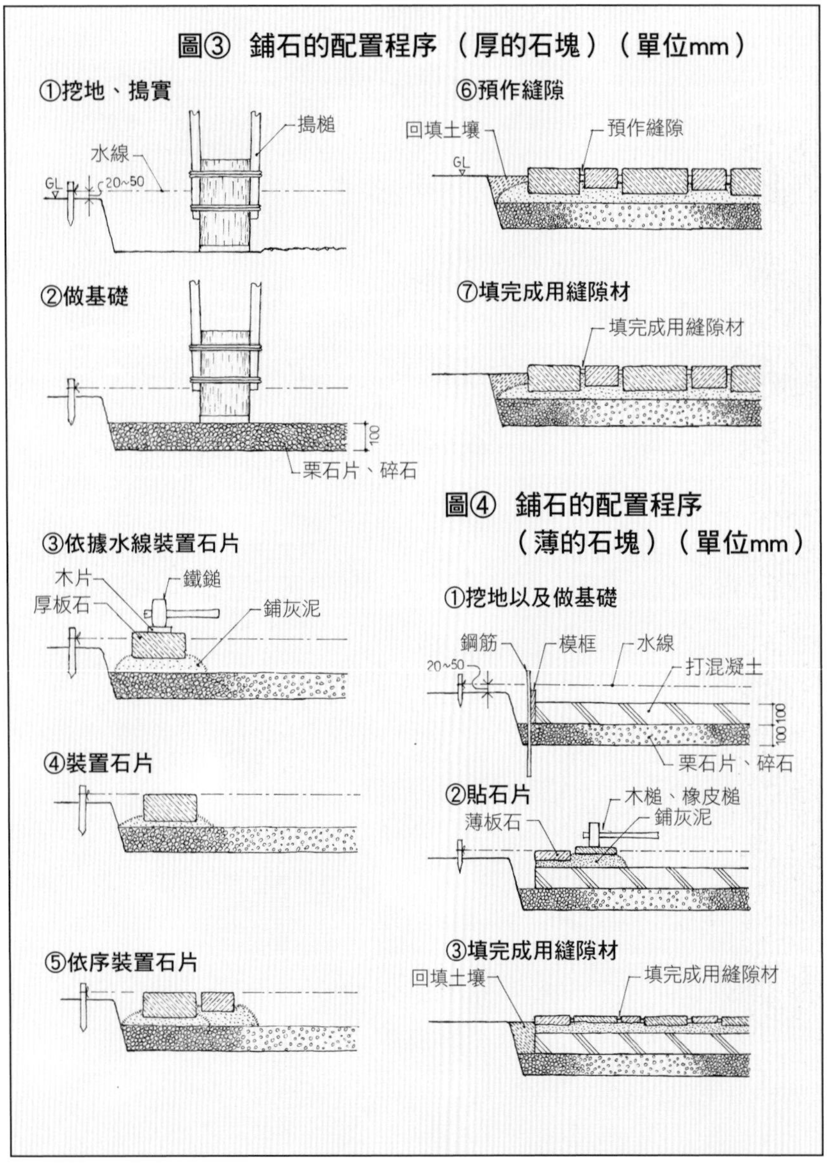

①挖地、搗實
搗槌
水線
GL
20~50
②做基礎
100
栗石片、碎石
③依據水線裝置石片
木片
鐵鎚
厚板石
鋪灰泥
④裝置石片
⑤依序裝置石片
⑥預作縫隙
回填土壤
預作縫隙
⑦填完成用縫隙材
填完成用縫隙材
①挖地以及做基礎
鋼筋
模框
水線
打混凝土
100
栗石片、碎石
②貼石片
木槌、橡皮槌
薄板石
鋪灰泥
③填完成用縫隙材
回填土壤
填完成用縫隙材

圖③ 鋪石的配置程序（厚的石塊）（單位mm）

圖④ 鋪石的配置程序（薄的石塊）（單位mm）

兩側使用細長的切石做邊緣，中間用大小不一也不方正的切石亂鋪所構成的鋪石。穿越縫隙的各處都有值得觀賞的點。

用加工成各種大小、形狀的切石為主所構成的寄石鋪鋪石。以3片連接的配石相當有趣。

鋪石的種類

使用切石的緣石佈置兩側，中間則使用丹波石（切割加工）加以亂鋪而成的鋪石。（設計/三橋一夫）。

這是把方形切石轉彎45度角，用角和角相接般排列的常見鋪石結構。

把大小不一的自然石仔細組合而成的鋪石。這是非常麻煩費工的作業。

圖⑤ 縫隙完成法的好壞

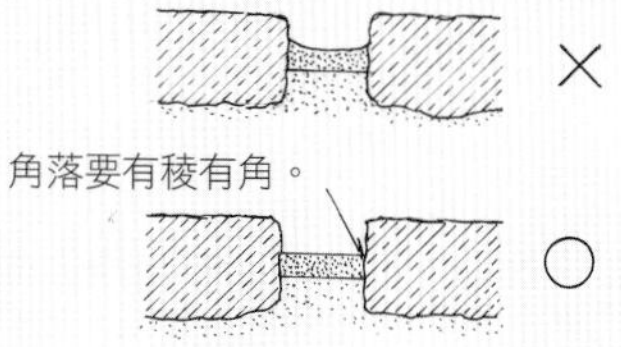
×
角落要有稜有角。
○

圖⑥ 配石的注意點

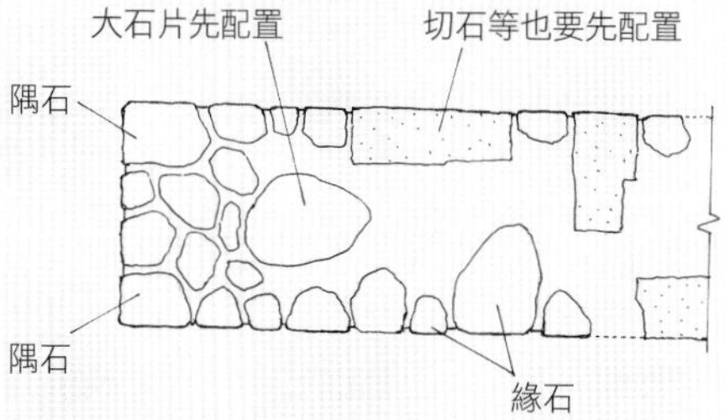
大石片先配置
切石等也要先配置
隅石
隅石
緣石

圖⑦ 要避免的縫隙、配石

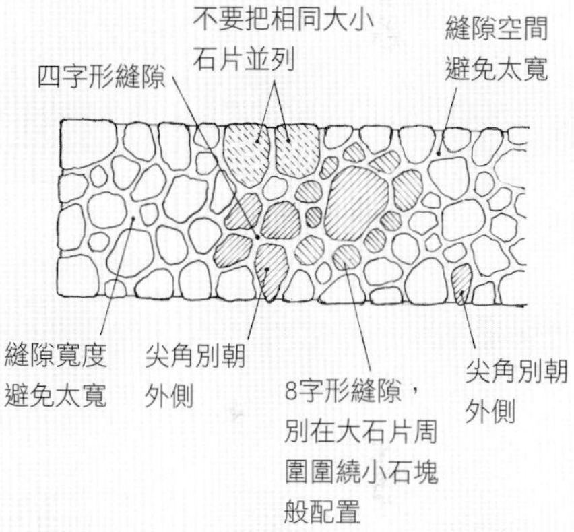
不要把相同大小石片並列
縫隙空間避免太寬
四字形縫隙
縫隙寬度避免太寬
尖角別朝外側
8字形縫隙，別在大石片周圍圍繞小石塊般配置
尖角別朝外側

圖⑧ 各種側面完成法

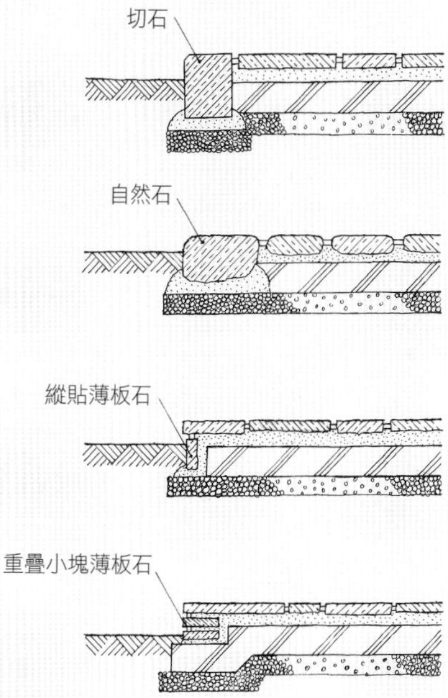
切石
自然石
縱貼薄板石
重疊小塊薄板石

鋪石也是庭園重要的添景物。石片在中間故意錯開，讓鋪石道演出變化。（設計/三橋一夫）。

在細長切石之間保留一些空間，留空處再亂鋪自然石（切割加工）的鋪石。

隨性配置大小不同的花崗石切石，然後在其間使用鏽色礫石以洗石子方式完成的通道。（設計/三橋一夫）。

用切石和自然石構成的寄石鋪鋪石。正面豎立複製型的柚木形燈籠。（設計/三橋一夫）。

切割加工大大小小的自然石，以邊緣不整齊的型態鋪成的亂鋪型鋪石。

沿著屋簷內配置矩形切石和自然石（切割加工）的亂鋪型鋪石。（設計/三橋一夫）。

大膽又巧妙地組合大塊矩形切石和細長形切石所構成的鋪石園路。

均衡配置細長切石的寄石鋪型鋪石。（設計/三橋一夫）

沒有縫隙，以亂鋪（冰裂縫隙）型完成的切石鋪石。

沿著氣派的瓦牆所設置的鋪石景色。這是用切割加工的自然石鋪成的標準亂鋪結構。

會引導人進入玄關的鋪石。主要特色是邊緣雖是整齊的直線，但中間卻是歪歪斜斜的線。

較有寬度的通路鋪石。中央是由矩形切石所組合的亂鋪型，兩側則以洗石子完成。

配置在庭園內要處的寄石鋪型鋪石造景。（設計/三橋一夫）

露台

西洋庭園不可或缺的戶外聚會所。要連接建物，或在庭內獨立設置均可。

露台（Terrace）原本是西洋庭園的構成要素，在日本稱為「露壇」，意味著沒有屋頂，會淋到雨，比地盤高一層的壇。

一般設在連接建物出入的開口部位置，但也有獨立設在庭內重點位置的情形。

◆露台的設置場所

①能充分獲得日照的地方。
②能眺望美麗景色等的地方。
③庭園的重點位置。
④連接建物房間等出入口的地方。
⑤連接池塘等構成要素的地方。
⑥園路等的中途。

◆露台的種類

●依設置位置區分

附屬形式＝連接建物設置。
獨立形式＝在庭內獨立設置。

●依設置形狀區分

矩形＝長方形、正方形。
圓形、八角形、六角形
變形＝不規則的形狀等。

◆露台的結構和完成面材料

露台的基本結構如圖①般，最下層是鋪栗石片、碎石等加以搗實，之後從上打約10cm厚度的混凝土，再貼各種完成面的材料。另外，側面會依據露台的高度，以砌小石子或貼薄石片來做裝飾（163頁圖⑧）。

完成面的材料有許多種，主要的種類如下。

●自然石類

鐵平石　丹波石　玄昌石
秩父青石　紀州青石
大谷石　白川石　花崗石（御影石）
根府川石　侏羅石等進口材料。

用切割加工的自然石片，隨意鋪貼而成的圓形露台。

●人工石類

磚塊　磁磚（地板用）
混凝土平板　裝飾用混凝土平板
等各種人工素材

●在現場完成的材料

灰泥　洗石子
研磨　link stone

◆建造露台的重點

●露台的頂端高度

以建物的地板面高度為基準，下降約10～15cm。若建物的基礎側面有風窗的話，則以其下端為基準，下降約2～3cm程度來決定。

同時，地板面和露台面的落差，以及露台面和地盤面的落差，若超過20cm以上的話，就要設置踏脫石或者石階等。

●露台的長度

露台的長度要比開口部的寬度略大些。有時依據房間結構，需要和建物等長。

●露台的寬度

並無硬性規定，但至少要在1．5m以上。如果為了聚餐，需要擺放桌、椅的話，則需要2．5m以上。

●排水坡度

露台需要有1／100程度的排水坡度。

◆露台的建造法（圖①）

①挖地

從完成的高度倒算來決定深度，進行挖地作業，再用搗槌（或者壓力機等機器），把地板部分搗實。

②做基礎

鋪礫石、碎石或栗石片等，再確實搗實。

③組模框以及打混凝土

依鎖定的大小製作模框，打入混凝土。

④裝置邊緣

擱置2～3天後，先裝置邊緣。磚塊要小端朝上，如圖般豎立排列。同時，因磚塊會吸收灰泥的水分，故使用前要先泡水充分吸收水分為要。邊緣裝置完成後，在外圍埋土。

⑤鋪內側的磚

接著，鋪內側部分。拉水線，鋪上灰泥，然後邊把磚頭側面的細長部分朝上，邊預留縫隙，使用木槌等固定於需要的高度。至於預留好的縫隙，用灰泥當縫隙材填充到2／3滿為止。

⑥填完成用縫隙材

全面鋪好之後，填入完成用縫隙材，用鏝刀抹平縫隙。

⑦完成

去掉附著在材料表面的灰泥等。整平周圍的地盤即成。

圖① 貼磚露台的製作流程

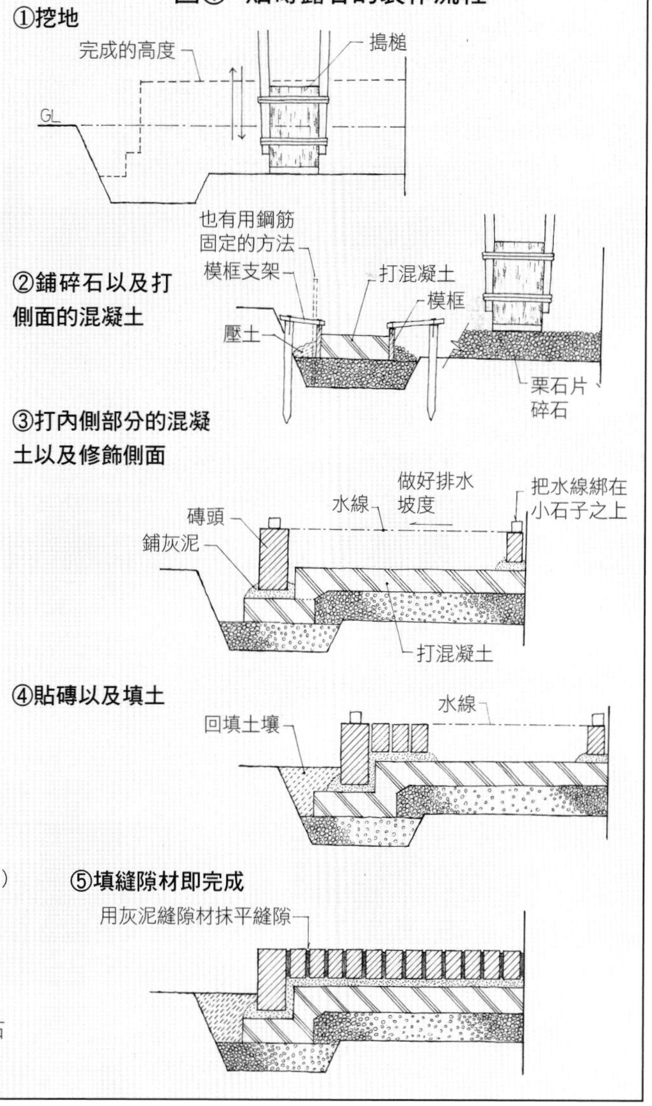
①挖地
完成的高度
搗槌
GL
②鋪碎石以及打側面的混凝土
也有用鋼筋固定的方法
模框支架
打混凝土
模框
壓土
栗石片
碎石
③打內側部分的混凝土以及修飾側面
做好排水坡度
把水線綁在小石子之上
水線
磚頭
鋪灰泥
打混凝土
④貼磚以及填土
水線
回填土壤
⑤填縫隙材即完成
用灰泥縫隙材抹平縫隙

圖② 貼磚的露台（單位mm）

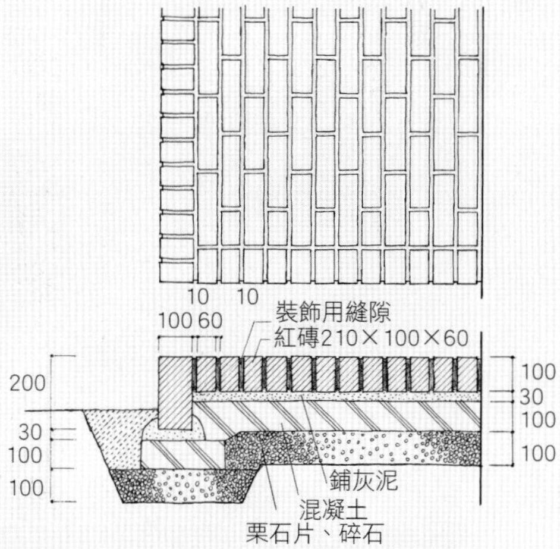
10
10
100
60
裝飾用縫隙
紅磚210×100×60
200
30
100
100
100
30
100
100
鋪灰泥
混凝土
栗石片、碎石

圖③ 貼鐵平石的露台（單位mm）

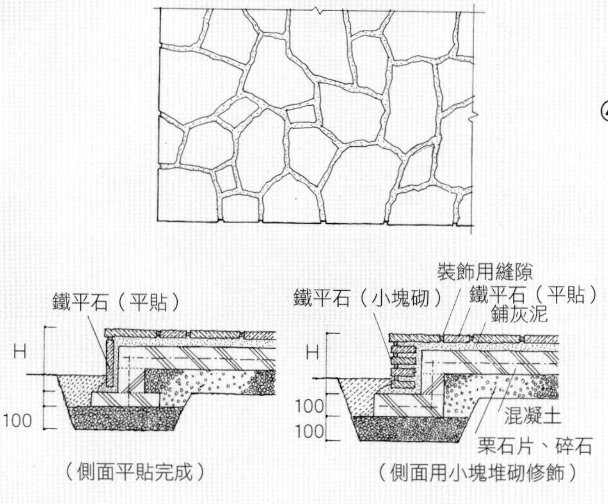
鐵平石（平貼）
H
100
（側面平貼完成）
裝飾用縫隙
鐵平石（小塊砌）
鐵平石（平貼）
鋪灰泥
H
100
100
混凝土
栗石片、碎石
（側面用小塊堆砌修飾）

露台的種類

設置在庭園一角，使用自然石（切割加工）隨意鋪貼而成的露台。

設置在庭園中，用自然石（切割加工）隨意鋪貼而成的大面積露台。

把切石自在排列成橫布鋪結構的露台風造型。
（設計/三橋一夫）

以貼磁磚為主，再搭配枕木、紅磚的大露台。

在砌磚的區隔壁上組合長凳，成為可以休息的空間。地面鋪枕木。

用上面磨亮、側面保持粗糙的大塊矩形切石，配置成布鋪型鋪石的露台。
（設計/三橋一夫）

設置在庭園中，使用一般裝飾用平板石鋪成的露台。由於和建物連接，故也可當作室外起居室使用。

沿著使用薄板石小端砌成的半圓形石椅，鋪上隨意切割的板石，構成露台風的休憩角落。

成為庭園觀賞重點的圓形鋪磚露台。中央的壺是裝飾焦點。

採用布鋪型，鋪設枕木而成的連接建物型露台。也可當室外屋來使用的空間。

用有設計風格的牆做背景，連接建物的露台。在鋪方形的磁磚中，可看見小磁磚排列的裝飾線條。
（設計/三橋一夫）

野外爐

除了能增添戶外聚會或派對的樂趣外，也是庭園的裝飾物。

野外爐不僅能享受郊遊氣氛，或在戶外享受原野樂趣，或在暑假開家庭派對等，還能當作焚燒落葉的場所，活用範圍十分廣泛。

◆野外爐的結構

野外爐是以「灶」為形狀，其結構是左右、後方有側壁，中間有2層爐柵。另外，也有做成圍爐般的爐框，中央鋪礫石等的形式。最簡單的形狀是左右設立袖壁，上面擺放鋼筋即成（圖①）。有時依情況還會加裝煙囪。

（註1）爐柵（roster）＝火格子。燃燒爐的主要部分，做成格子狀。空氣通過格子的洞燃燒燃料，產生的灰會掉到下面。

◆野外爐的設置場所

配置野外爐的場所並無特別規定，不過條件是避免設在使用時不方便的場所，而且周圍要有某程度的空間，方便人群聚集在此。

如果爐的周圍有樹木的話，需要離開一定地距離。

◆製作野外爐的材料

●側壁等

使用磚塊類（普通磚塊、耐火磚、進口磚等）、自然石類（鐵平石等）、大谷石、裝飾用水泥磚、水泥磚、抗火石等。

●爐柵（火格子）

購買得到時，就使用市售品。購買不到時，可利用排水槽、側溝用等的鐵格蓋或格子蓋。或者委託業者熔接鋼筋（直徑10～16mm程度）等來設置。

●煙囪

煙囪無須使用特製產品，可使用陶管、水泥管等。

◆野外爐的製作法（圖②）

①做基地

首先把混凝土、大谷石等鋪平，當作本體的基礎。

②做側壁

在基礎上設立側壁，圍成ㄇ字形。

③裝置爐柵台子

內側做2層承受爐柵的台子。

④做排水坡度

為了排水，內側用灰泥等製作1／50程度的排水坡度。

⑤放進爐柵（火格子）

放入預先準備好的爐柵、烤網、鐵板等就大功告成了。

圖① 各種野外爐

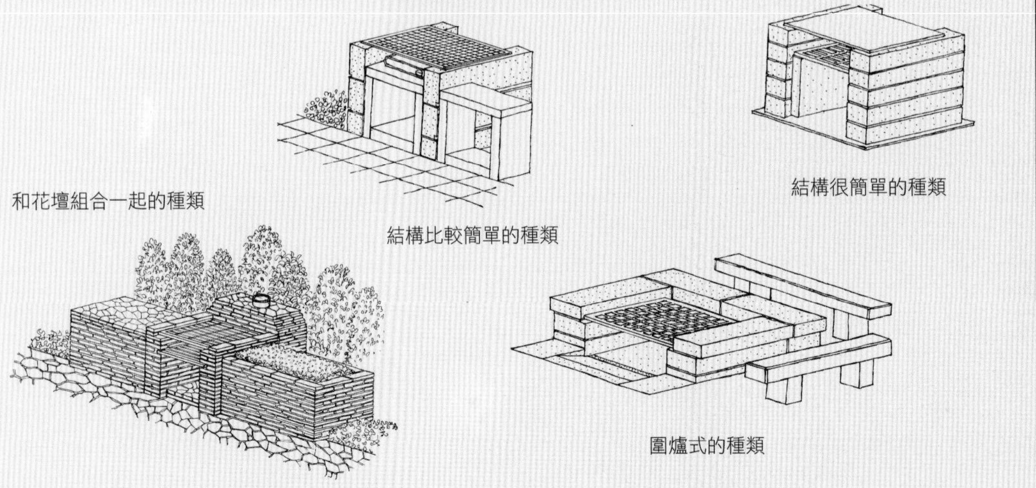
和花壇組合一起的種類
結構比較簡單的種類
結構很簡單的種類
圍爐式的種類

具備調理台、水槽、椅子等鋪磁磚的正統野外爐。

以豎立的牆為背景構成的磚砌野外爐。是不使用時外觀也值得欣賞的造型。

石砌的粗獷感野外爐。兼具瓦斯爐用和碳火用的使用機能。

圖② 野外爐的製作法（單位mm）

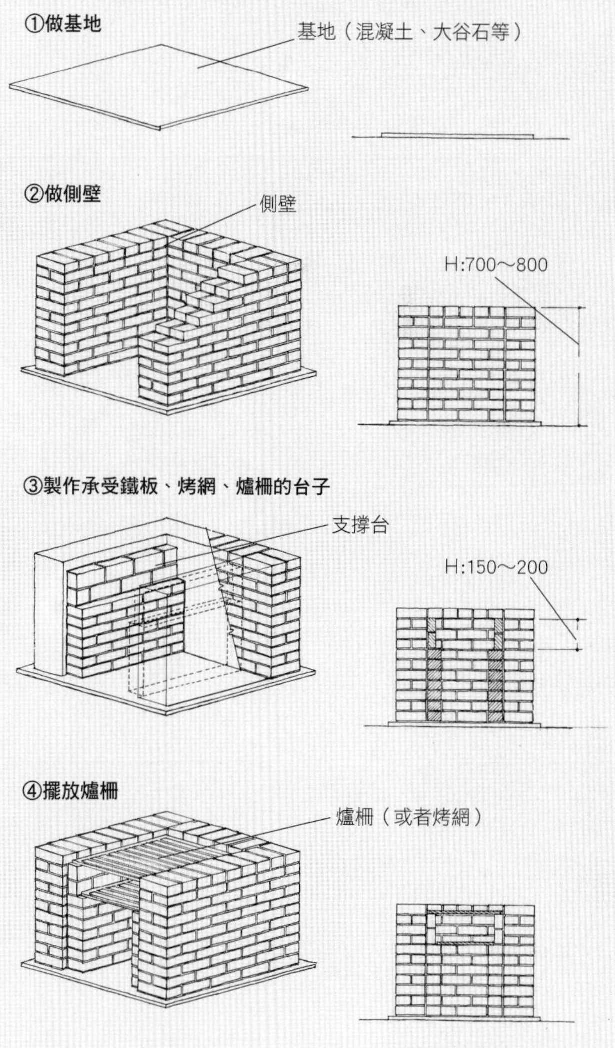
①做基地
基地（混凝土、大谷石等）
②做側壁
側壁
H:700～800
③製作承受鐵板、烤網、爐柵的台子
支撐台
H:150～200
④擺放爐柵
爐柵（或者烤網）

拱門、格子架、藤棚、藤架涼亭

拱門

拱門雖有半圓形、圓弧形、半橢圓形等形狀，但成為庭園構成要素的拱門，是指如圖①般上部是半圓形的隧道狀拱門。

◆拱門的設置場所

拱門通常當作庭門，設置在庭園內區隔部位的出入口處。亦即，設置在區隔前庭和主庭的出入口部分，或者設置在從主庭到雜物場的區隔出入口處部分。但偶而也會設置在正門的出入口處。

◆拱門的構成材料

製作拱門的素材，分為單一種的情形和組合2種以上的情形。主要的素材如下。

木材　鋁　鋼筋（鐵材）

假木　樹脂（人工木材）

◆拱門的製作法

無論什麼素材，其基本形狀都是由柱子、罩子、拱形弧、橫棧等所構成。

作法是除了木材以外，通常是先依據各部位需要的尺寸、形狀加以成型，然後加以組合即可。若使用木材，則需要下功夫製作上部的拱弧曲線。

用木材製作拱門時，若只用一片木板修成圓拱形，那不僅相當費事而且也不牢固。應該分幾部分來連接形成圓拱形。

連接時要用榫接等，並在連接處加裝鐵等補強零件，即能完成堅固的拱門。

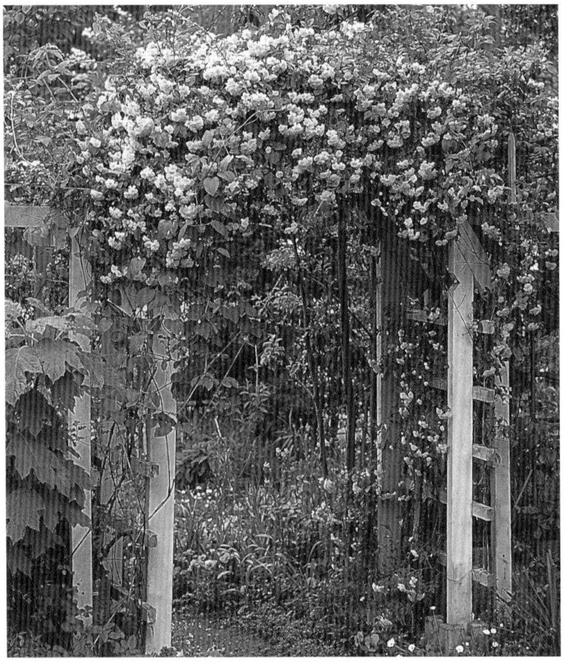

正統結構的木造拱門。攀爬在上面的是木香玫瑰。

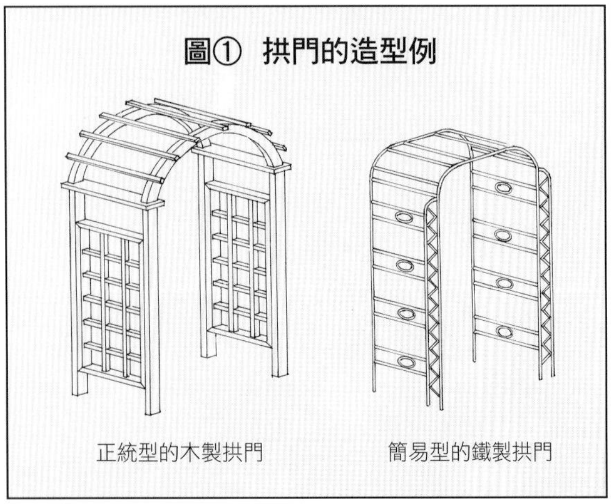
圖① 拱門的造型例
正統型的木製拱門
簡易型的鐵製拱門

組合式的簡易拱門。攀爬在上面的是蔓性玫瑰。

格子架

所謂的格子架是指沿著花壇或外壁面，或者在庭中獨立設製的建物，通常用細角材（小塊材）以縱、橫、斜方式組合而成。依據其組合方式不同，可構成各種款式，故常被當作庭園的演出道具。

格子架可攀爬蔓性植物來觀賞花、葉等。但也有單純當作裝飾或區隔用途的。

◆格子架的種類

●壁面格子架（圖②）

一般提及格子架，多半指稱這種壁面格子架，是寬度比較窄的縱長形梯子狀，設在建物的壁面或者出入口左右等，當作裝飾用。

●格子板

設置在中庭等的獨立平面狀架子，長度較短。

●格子柵欄（圖③）

設置成籬笆、棚架型態的長形架子，用來區隔前庭、主庭等。

◆製作格子架的材料

製作格子架的材料主要使用木材，但有時會併用角管等的鐵材、鋁材。偶而也有只用鐵材、鋁材的情形。最近還可發現樹脂性的人工木材。

木材中以檜木最耐用，品質最優。其他可使用杉木、鐵杉、柳安等。

◆格子架的製作法

●格子籬笆的情形

木造的正統作法是利用切槽和榫接來組合。但也有不如此加工，而是直接組合後，再打鐵釘固定的方法。

前者是先組合格子，之後組裝外框。後者是先把橫材以水平固定在柱子等上，然後把縱材以平行方式組合成格子狀，交叉點再打鐵釘固定。另外，還有把組子斜向組合成菱形格子狀的情形。

使用鐵材等時，其交叉點要用螺栓、螺帽或者連接零件、螺絲等加以固定。

完成之後，最後上漆塗裝修飾。顏色以白色最理想。

●壁面格子架的情形

一般的作法是在平行排列的縱材上，把橫材以平行或斜向如梯狀般抵住，然後用木螺絲、鐵釘牢牢固定。完成後，上漆塗裝修飾。

圖② 壁面格子架的例子

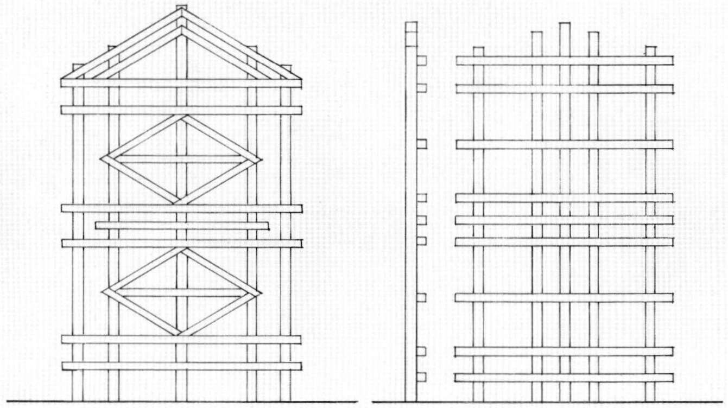

圖③ 一般的格子籬笆

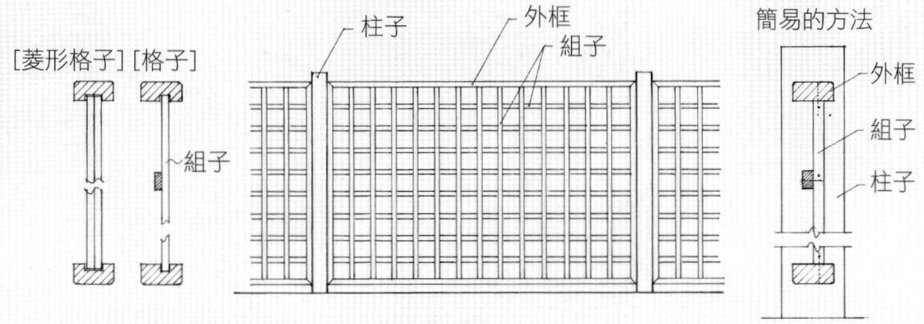
[菱形格子]
[格子]
組子
柱子
外框
組子
簡易的方法
外框
組子
柱子

格子籬笆可用來區隔庭園空間的一部份，或者當作背景。上面可懸掛盆栽，或攀爬蔓性植物來美化。

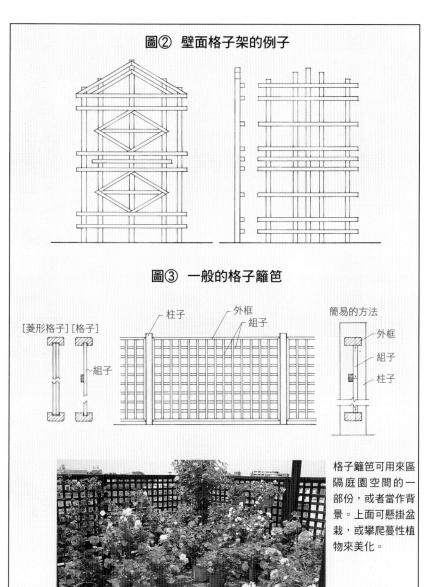

■藤棚

以想要觀賞紫藤花為目的，使用圓木和竹子構成的簡易型藤棚。

賞花用的藤棚通常配置在庭園內一角，但若設置在砂場上、露台上等，則兼具遮陽和緩和炎夏高溫的效果。

而且，藤棚不僅可攀爬紫藤，也可攀爬葡萄、蔓性玫瑰等蔓性植物，用途相當廣泛。

◆藤棚的結構和材料

基本結構如圖④所示，先在一定間隔豎立柱子，然後把柱頭和柱頭連接起來。首先，架上樑（平面長方形的情形是指跨在短邊的木材），其上把和樑直交的桁（平面長方形的情形是指跨在長邊的木材）架在有柱子的地方，接著在其上以格子狀覆蓋棧竹而成。

●柱、樑、桁的材料

有檜木圓木時，使用檜木角柱，雖然也可使用栗木圓木等，但一般使用檜木為宜。此際，為了防腐，表面先燒過磨亮，再塗抹木餾油〈kreosot〉等防腐劑。

●棧竹

準備細苦竹（通稱為唐竹），市售品是1束約12～14支。難以買到時，可用細圓木代替。

●其他的材料

除了以上的結構材外，也需要以下的材料。扒釘、平板型螺栓＋螺帽、棕櫚繩（染黑）、鐵釘、螺栓＋螺帽（沒用螺栓、螺帽時，可用L字形金屬零件、T字型金屬零件來補強）。

◆藤棚的標準尺寸

●柱子

高度（從地盤到樑下端為止）　普通為2～2．5m。

間隔（柱間＝柱子的相互間隔）　依據棧

藤棚可用來觀賞紫藤花，也可用來緩和炎夏的高溫。

圖④　藤棚的結構圖

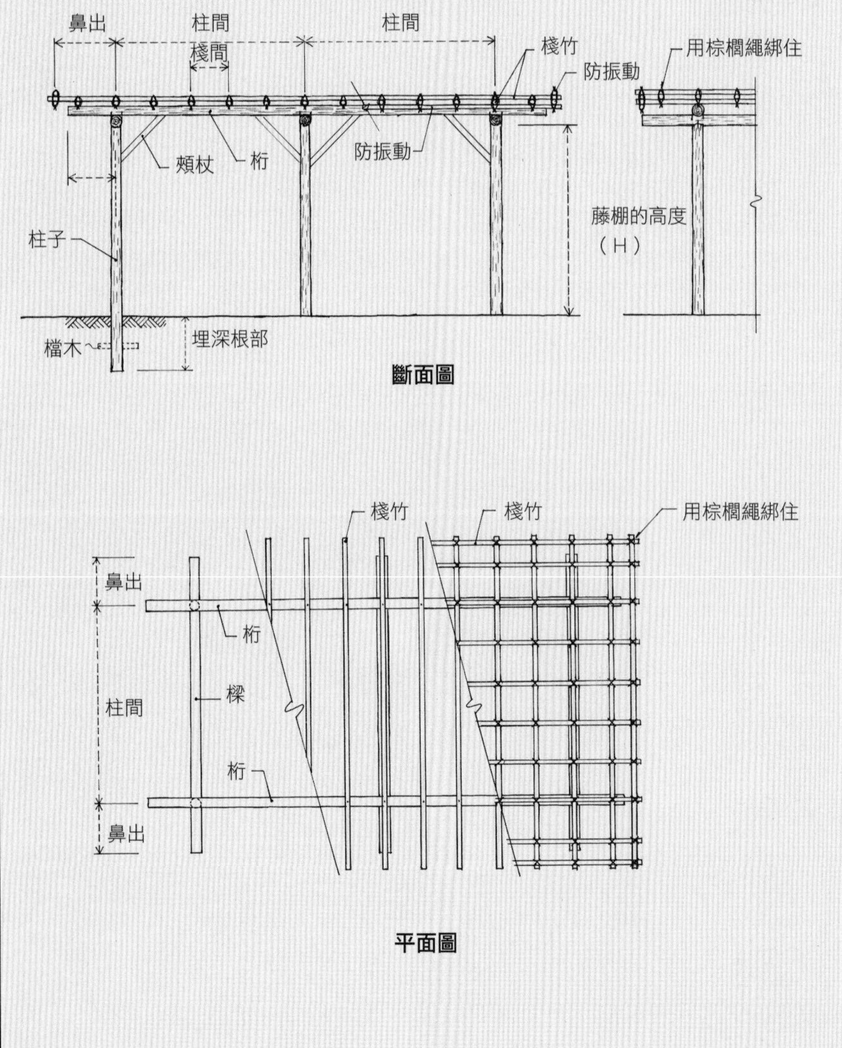

鼻出
柱間
柱間
棧間
棧竹
防振動
用棕櫚繩綁住
頰杖
桁
防振動
藤棚的高度（H）
柱子
檔木
埋深根部
斷面圖
棧竹
棧竹
用棕櫚繩綁住
鼻出
桁
柱間
樑
桁
鼻出
平面圖

在假木製的骨架上覆蓋竹格子屋頂的藤棚。從藤棚上長長垂下的紫藤花穗十分美麗。

竹的間隔，再觀察樑、桁的強度關係，把間隔設定在1．8～2．1m之間。亦即，若棧竹的間隔是30cm時，柱子的間隔是1．8m（30×6倍），或者2．1m（30×7倍）。

埋深部分（從地面埋入地中的部分）　至少要在50cm以上。

長度　圓木的長度雖會因藤棚高度而異，但大體上約3m，粗度中等，直徑大約選擇9cm。

●樑、桁

長度　長度是依據柱間的間隔決定。若間隔約3～4m的話，粗度選擇中等，直徑大約9cm。

●棧竹

間隔　大體約30～45cm。但一般是30～35cm。

材料粗度　如前述般，使用12～14支為1束的苦竹，粗度是元口約3～4cm。

◆藤棚的製作法（圖⑤）

①準備

在製作藤棚的場所進行整地。在柱材的頭上（末口端）做榫，在埋深部分墊木材。依據鎖定位置在樑上挖插榫的洞。附著在苦竹表面的污穢等用水清洗乾淨。

②豎立柱子

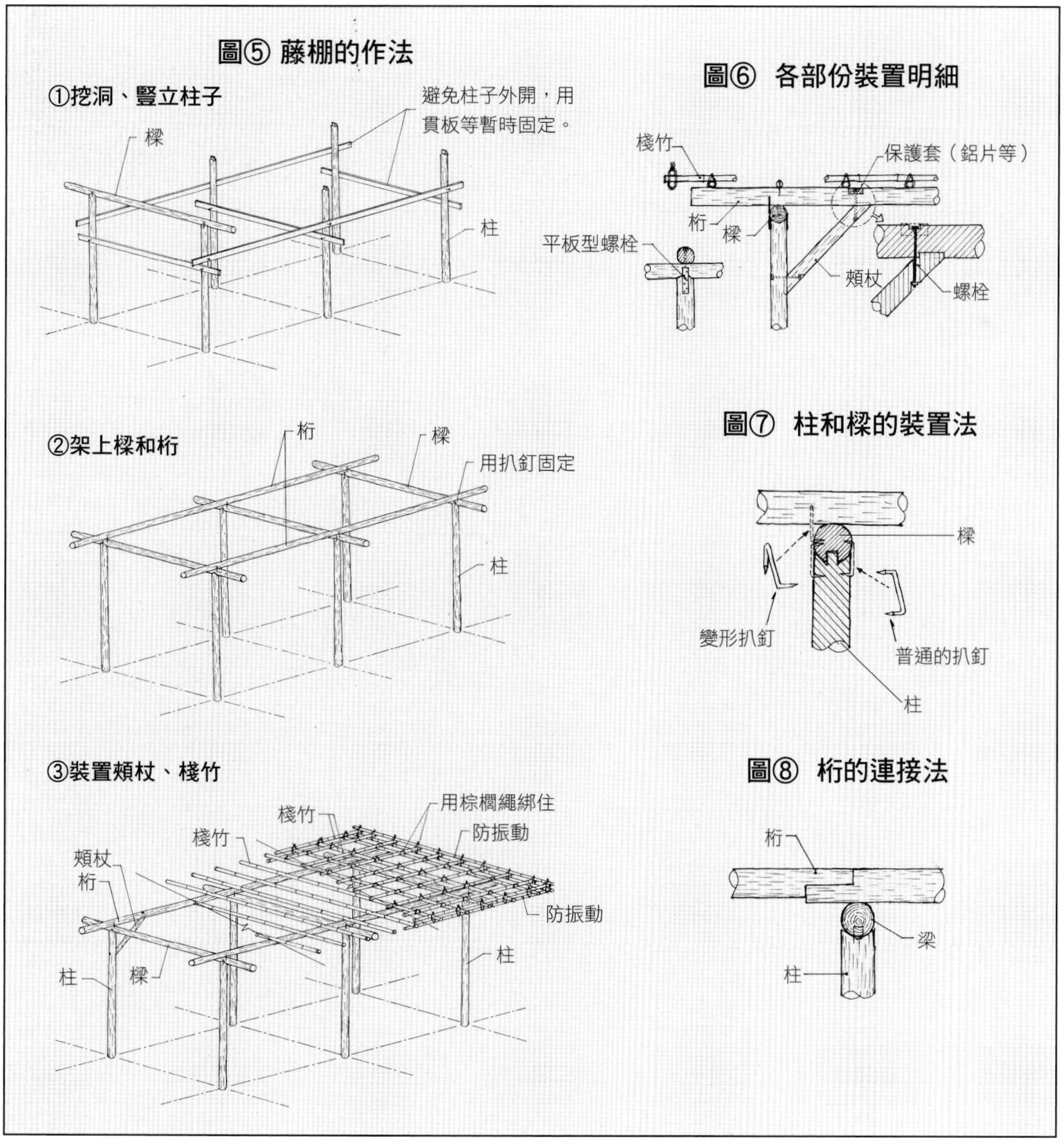

圖⑤ 藤棚的作法
①挖洞、豎立柱子
避免柱子外開，用貫板等暫時固定。
樑
柱
②架上樑和桁
桁
樑
用扒釘固定
柱
③裝置頰杖、棧竹
用棕櫚繩綁住
棧竹
棧竹
防振動
頰杖
桁
防振動
柱
樑
柱
圖⑥ 各部份裝置明細
棧竹
保護套（鋁片等）
桁
樑
平板型螺栓
頰杖
螺栓
圖⑦ 柱和樑的裝置法
樑
變形扒釘
普通的扒釘
柱
圖⑧ 桁的連接法
桁
梁
柱

測量豎立柱子的位置，挖約50㎝深的洞，豎立柱子。此際，要注意4角落的柱子要豎立成四角形。同時讓中柱和角落的柱子（隅柱）排成一直線。

③架樑

接著，架樑連接各柱頭，把柱頭的榫插入樑的榫孔裡，用扒釘固定（圖⑦）。

④架桁

在樑和樑上架桁，同樣用扒釘（變形扒釘）固定。注意頂端保持水平，連接桁時也以同法作業（圖⑦、圖⑧）

⑤裝置頰杖

有時為了補強，還要裝置頰杖。

⑥裝置棧竹

做好藤棚的骨架之後，以格子狀覆蓋棧竹。首先，在桁上做間隔記號，依照記號，裝置下層的棧竹，用鐵釘固定。接著，把上層棧竹依據間隔記號組合成格子狀，原則上在各交點向下打結。另外，棧竹的末口和元口必須交錯，末口側要比規定的尺寸長一些。而且元口必須是止節。

⑦棧竹裁切整齊

最後拉水線，把較長的棧竹末口以鎖定的長度裁切整齊。

⑧栽植樹木

配合藤棚的大小選擇蔓性植物，栽種在柱子旁邊，讓枝幹攀爬在藤棚上，並輕輕固定在棧竹上。

■藤架涼亭

和藤棚一樣，是可攀爬蔓性植物或者可當遮陽棚的裝置。

原本只是為了觀賞蔓性植物，而用圓木等所搭建的粗獷棚狀裝置，之後卻逐漸演變成裝飾物之一，如今幾乎和植物無關，主要當作庭園內的添景物來配置。

◆藤架涼亭的設置場所

●主庭的主要景點

獨立設置在庭園內的一角，當作主要景點配置。

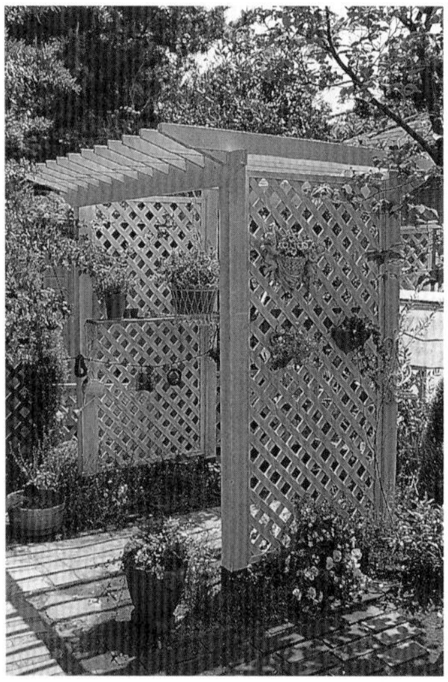
設置在通路上的藤架涼亭。側面是使用格子板。

為了欣賞庭園風景而設置在庭園角落上的木製藤架涼亭。

●園路的中途上

配置在通路、各部份的聯絡通路中途，或者園路交叉處上。

●沿著住宅等的建物

當作建物的附屬裝置，配置在住宅的南側露台上等。

●在出入口部位上方

在正門或庭內的門等出入部分，設置所謂的藤架門。

◆藤架涼亭的基本結構

如圖⑨所示，是由柱子、桁托（有時省略）、桁、樑、棧木（有時省略）所構成。

使用正角材的柱子，以及平割材的桁和樑所形成的標準結構藤架涼亭。

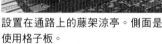

圖⑨　藤架涼亭的結構圖

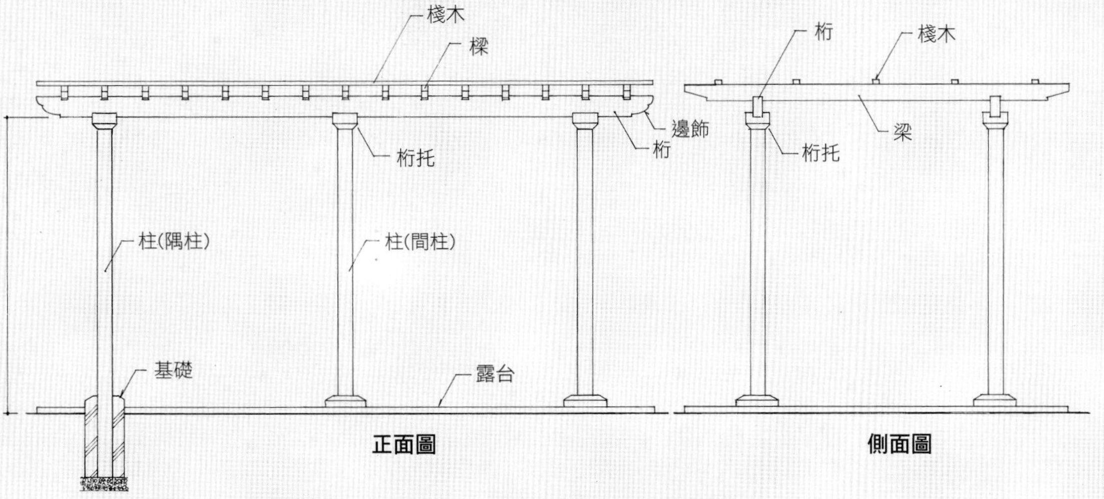
棧木
樑
邊飾
桁
桁托
柱(隅柱)
柱(間柱)
基礎
露台
正面圖
桁
棧木
梁
桁托
側面圖

圖⑩　前端的各種邊飾

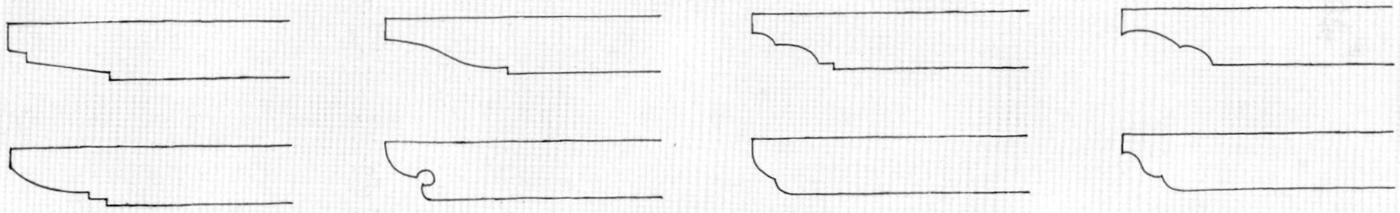

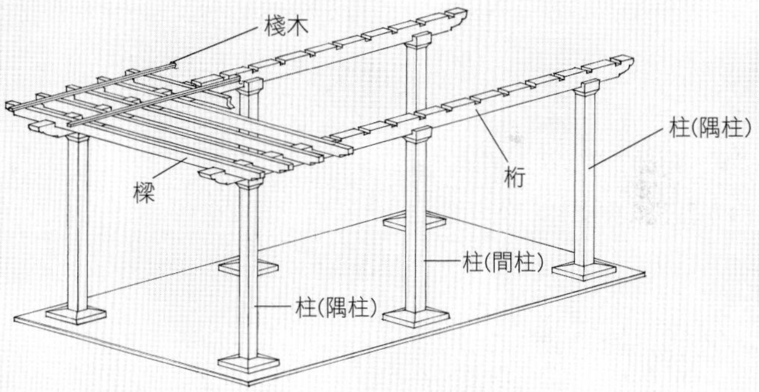
棧木
樑
桁
柱(隅柱)
柱(間柱)
柱(隅柱)

圖⑪　藤架涼亭的製作法

●柱子

指柱體或者單純的柱子。為了支撐桁以上的重量，必須牢固才行。柱子的材料多半使用容易加工的木材，但較大型的藤架涼亭是採用混凝土柱、角管等來製作。

●桁托

飾物。有時配合結構可以省略。

●桁

在平行豎立兩列的柱子上，或是橫跨在其長方的柱頭上，或者橫跨在其桁托上的部材。有時使用1支，有時是2支。為了美觀，桁材一般是以縱長形使用斷面長方形素材。材質，木造以檜木最佳，鐵材則一般使用角管。

●樑

平行橫架在桁上，和桁形成直交的部材。和桁一樣，以縱長形使用斷面長方形素材。

樑的配置法分為等間隔一支一支排列的情形，以及把2支靠近（所謂吹寄）為1組，再以等間隔排列的情形。

●棧木

橫跨在樑上的細小部材，多半省略不用。

●頰杖

補強用部材。

◆藤架涼亭的製作法（圖⑪）

藤架涼亭的製作法，基本上和藤棚（175頁）相同。若是木造，可能比較容易製作，但若是使用混凝土製造柱子的大規模情形，請委託專門業者幫忙較有保障。

●宿根草、球根

	花名	花色	播種時期（月）	花高（cm）	開花期（月）											
					1	2	3	4	5	6	7	8	9	10	11	12
宿根	側金盞花	黃、白	11～12	15～25		■	■									
	晚香玉	紅、白、黃、紫、桃	9～10	50			■	■								
	木春花	紅、白、桃	9～10	10～50				■	■							
	尖葉福祿考	紅、白、桃	9下	10				■	■							
	太陽花	紅、白、黃、橙	3～4	30～40				■	■	■	■	■	■	■	■	
	菖蒲	紫	5～6	30					■							
	康乃馨	白、紅、紫、黃、桃	10	40					■	■						
	鈴蘭	白	10～11	20					■	■						
	鐵線蓮	白、紅、紫青	10～11	100					■	■						
	芍藥	紅、白、紫、桃	9	60					■	■						
	松葉菊	桃、白、黃	10	15					■	■						
	六月菊	紫、桃	10	20～40					■	■						
	桔梗	白、紫青	3～4	40～50						■	■	■	■			
	觀花海棠	紅、白、桃	5～6	20						■	■	■	■			
	爵床	淡青	3～4	100						■	■					
	火焰百合	黃、橙	3下	100						■	■	■	■	■		
	費菜	黃	10	30							■	■	■			
	敗醬	黃	3下	70							■	■	■			
	紅葉葵	白、桃、紅	3	100～200								■	■			
	秋海棠	桃	3	30								■	■	■		
	油點草	白、黃、橙、紫	3下	50									■	■		
	秋牡丹	白、桃、紅	3	60～80									■	■	■	
	龍膽	白、紫青	10	50～70									■	■	■	
	聖誕玫瑰	白、桃、茶、紫	10	15～70	■	■	■	■								■
球根	藏紅花	白、黃、紫	10	15		■	■									
	水仙	白、黃	9下～10	30～40		■	■	■	■							
	銀蓮花	紅、白、紫	10	30			■	■	■							
	風信子	紅、白、黃、桃、紫	10	30			■	■								
	小蒼蘭	紅、白、黃、紫	9下～10	40			■	■								
	雪片蓮	白	10	30～40			■	■								
	葡萄百合	青、白	10	10～20			■	■	■							
	熱田櫻	白、紅	3	10				■	■	■						
	鬱金香	紅、白、紫、黃、桃	10	40				■	■							
	百合水仙	紅、黃、桃、白	10	30～70					■	■						
	大麗花	紅、白、紫、黃、桃	3下～4	30～90						■	■	■	■	■	■	
	劍蘭	紅、白、黃、紫、桃	3下～5	50～90						■	■	■	■			
	孤挺花	紅、白、桃	3下～4	45～60					■	■	■					
	美人蕉	紅、黃、橙、桃	3下～4	70～150						■	■	■	■	■	■	
	百合	白、黃、紅、桃	10	30～100					■	■	■	■				
	彩葉芋	白、紅	4～5	40						■	■	■	■			
	水芋	白、黃、桃	3下～4	50						■	■					
	香紅花	紫	9	15										■	■	

庭園用花草一覽表

●一年草

花　名	花　色	播種時期（月）	花高（cm）	開花期（月）											
				1	2	3	4	5	6	7	8	9	10	11	12
紫羅蘭	紅、白、桃、紫	8～9	20～60												
三色菫	紅、白、青、黃、紫	8～9	15												
菊花類	白、黃	9下	15												
雛菊	紅、黃、桃	8～9	20												
霞草	白	9下	50												
金魚草	紅、黃、桃、白	9下	30～80												
香碗豆	紅、白、紫、桃	9下	20～150												
庭薺	紅、白、紫、桃	9～10	10												
麗春花	紅、白、桃	9下	80												
勿忘我	白、桃、紫青	9下	25												
小金盞花	黃、橙	9下	40												
矢車菊	白、桃、紅、青、紫	9下～10	80												
石竹	白、桃、紅	9下	20												
山梗菜	紅、紫、白	9下	20												
花菱草	黃、橙	9下	20												
葛山菊	紅、白、黃、橙	9～10	20～30												
勿忘我	青	9下	25												
黑種草	青紫	9～10	60～70												
金蓮花	黃、橙	4	30												
藿香薊	白、紫、青	4	30												
春車菊	黃	9下	50												
矮牽牛	紅、白、桃、紫	4	30												
萬壽菊	黃、桃、橙	4	70												
古代稀	紅、白、桃、紫、橙	3	25～80												
半支蓮	紅、白、黃、桃	4	20												
非洲鳳仙花	紅、白、桃、橙	3～6	20～30												
一串紅	紅、白、紫、桃	4	50												
百日草	紅、白、黃、桃	4	40～60												
紫茉莉	黃、白、桃	4	30～50												
松葉牡丹	紅、白、黃、桃	4	20												
瞿麥	紅、白、桃、紫	4	10～50												
鳳仙花	紅、白、桃、紫	4	40												
彩葉草	紅、黃	4	50												
長春花	紅、白、桃、紫	5～6	30～60												
大波斯菊	紅、白、桃	3～5	100												
雞冠花	紅、黃	3～5	40～120												
向日葵	黃、橙	3～4	100～200												
千日紅	白、桃	3～4	40～50												
牽牛花	白、紅、紫、桃	5	150～200												

樹木名	科名	型態	適地	日照	性質、特徵	花期、熟期	用途
赤楊	樺木科	闊葉高木	土質不限	陽樹	成長快、有移植力。可欣賞自然樹形	花 4～5月 果 10月	單植在雜木庭園
鐵線蓮	毛茛科	落葉籐本	土質不限	陽樹	成長快、可以剪定。有耐寒性。	花 5～6月 不結果	拱門、格子架、棚架
滿天星	杜鵑科	闊葉低木	土質不限	陽樹	成長略慢、萌芽力強。耐強度剪定。	花 4～5月 果 10月	主木、樹籬、圓形造型樹
七葉樹	七葉樹科	闊葉高木	肥沃深層土	陽樹	成長略快。有萌芽力、剪定力差。	花 5～6月 果 10月	主木、單植
杪欏	山茶科	闊葉高木	向陽肥沃地	陽樹	成長略快、不可剪定。花和樹幹很美。	花 6～7月 果 10月	單植、玄關旁、草坪庭園
衛矛	衛矛科	闊葉低木	向陽乾燥地	陽樹	成長略快，有萌芽力、剪定力。紅葉很美。	花 5～6月 果 10～11月	池端、石附、前面
偽洋槐	豆科	闊葉高木	土質不限	陽樹	成長快、萌芽力強，剪定力強。耐公害。	花 5～6月 果 10月	大草坪庭園
紫葳	紫葳科	落葉籐本	土質不限	陽樹	成長快、可剪定。花很美但有毒。	花 7～8月 不結果	桿子、格子架、棚架
野村紅葉	槭樹科	闊葉高木	肥沃深層土	陽樹	成長快，不愛剪定。可移植。	花 4～5月 果 10月	單植、遮燈、石附
湖溲疏	虎耳草科	闊葉低木	土質不限	半陽樹	成長快、萌芽力強。可以剪定。	花 7～8月 果 10月	池端、常綠樹的下木
羽扇青楓	槭樹科	闊葉高木	有濕氣的 肥沃土地	陽樹	成長快、不愛剪定。可移植。	花 5月 果 10月	單植或群植在露地庭、池端
荻樹	豆科	闊葉低木	向陽肥沃地	陽樹	成長快，有萌芽力，耐剪定。	花 7～9月 果 10月	單植、群植在大庭院、草坪庭園
白木蘭	木蘭科	闊葉高木	肥沃深層土	陽樹	成長快、缺乏移植力。不愛剪定。	花 3～4月 果 10月	單植在大庭院
紫荊	豆科	闊葉低木	土質不限	陽樹	成長快、不要剪定。有移植力。	花 4月 果 10月	沿著草坪庭園、建物單植
花瑞木	山茱萸科	闊葉高木	土質不限	陽樹	成長略快，有耐寒性。花和紅葉很美。	花 4～5月 果 10月	單植、列植在大庭院
赤旃檀	山茶科	闊葉小高木	肥沃地	陽樹	成長略快、不愛剪定。花和樹形很美。	花 6～7月 果 10月	茶庭、玄關旁
姬蘋果	薔薇科	闊葉低木	土質不限	陽樹	成長快、樹勢強健。具有萌芽力。	花 4～5月 果 9～10月	草坪庭園或西洋庭園
向日瑞木	金縷梅科	闊葉低木	土質不限	陽樹	成長快、有剪定力。可欣賞早春的花。	花 3～4月 果 10月	下木、前面、池端
紫藤	豆科	闊葉低木	潮濕的土壤	陽樹	成長快、愛水分、有萌芽力。可強度剪定。	花 4～5月 果 10月	棚架、籬笆、單植
厚朴	木蘭科	闊葉高木	肥沃深層土	陽樹	成長快。移植力差。不可剪定。	花 5月 果 10月	單植在大庭院
草木瓜	薔薇科	闊葉低木	潮濕的砂壤土	陽樹	成長快。可移植。有剪定力。	花 3～4月 果 10月	下木、前面、石附
牡丹	毛茛科	闊葉低木	砂壤土	陽樹	早春發芽，花美。可移植，耐寒氣。	花 5～6月 果 9月	前面、石附、下木
檀木	衛矛科	闊葉低木	土質不限	陽樹	成長快。有剪定力。	花 5～6月 果 10月	單植在茶庭，或在植栽前面
金縷梅	金縷梅科	闊葉低木	土質不限	陽樹	成長快，靠剪定整理樹形。早春的花很美。	花 2～3月 果 9月	茶庭、露地庭、玄關旁
三葉杜鵑	杜鵑科	闊葉低木	土質不限	陽樹	成長快、有萌芽力。可剪定。	花 4月 果 10月	常綠樹的下木、池端、園路
紫珠	馬鞭草科	闊葉低木	土質不限	陽樹	成長略快，有剪定力。果實很美。	花 6月 果 10～11月	茶庭、池端、雜木庭園
錦雞兒	豆科	闊葉低木	土質不限	陽樹	成長快，樹勢強健。	花 4～5月 不結果	下木、固根、石附
木蘭	木蘭科	闊葉低木	土質不限	陽樹	成長快，移植力差。不可剪定。	花 4～5月 果 10月	單植在大庭院
棣棠	薔薇科	闊葉低木	肥沃濕潤土	半陽樹	成長快，有剪定力。	花 4～5月 果 9月	單植、群植、下木、前面、樹籬
四照花	山茱萸科	闊葉高木	土質不限	陽樹	成長快、樹勢強健。可欣賞黑紅色的樹幹和花。	花 6～7月 果 8月	大庭院的主木
山紅葉	槭樹科	闊葉高木	肥沃深層土	陽樹	成長快，不可剪定。有移植力。	花 4～5月 果 10月	池端、遮燈、石附
雪柳	薔薇科	闊葉低木	土質不限	陽樹	成長快，有移植力。	花 3～4月 果 10月	前面、下木、列植
山櫻桃	薔薇科	闊葉低木	土質不限	陽樹	成長略慢，可輕度剪定。	花 4～5月 果 6～7月	下木、固根
紫丁香	木樨科	闊葉小高木	土質不限	陽樹	成長快、樹勢強健。有耐寒性。	花 4～5月 果 10月	單植、合植
令法	令法科	闊葉高木	土質不限	陽樹	成長快，有萌芽力和剪定力。	花 7～9月 果 10月	雜木庭園
連翹	木樨科	闊葉低木	土質不限	陽樹	成長極快，剪定力大。有耐寒性。	花 3～4月 果 9月	單植、列植、樹籬
黃杜鵑	杜鵑科	闊葉低木	土質不限	陽樹	成長快，有萌芽力。可以剪定。	花 4～6月 果 10月	常綠樹的下木、池端、園路

樹木名	科名	型態	適地	日照	性質、特徵	花期、熟期	用途
野山茶	山茶科	闊葉高木	肥沃土壤	陽樹	成長略慢、不可剪定。常有病蟲害。	花 2～3月 果 10月	單植、遮掩、樹籬
楊梅	楊梅科	闊葉高木	肥沃土壤	陽樹	成長慢、深根性。剪定力強、可移植。無病蟲害。	花 4月 果 7月	主木、玄關前、樹籬
交讓木	大戟科	闊葉高木	肥沃土壤	半陽樹	成長不快、不可剪定。缺乏萌芽力、也缺乏耐寒性。	花 4～5月 果 11月	建物北側、遮掩、植栽
小葉羅漢松	羅漢松科	針葉高木	有水的土壤	陰樹	成長快、樹勢強健。可以剪定、移植。	花 5月 果 10月	主木、門蓋、樹籬

●落葉樹

樹木名	科名	型態	適地	日照	性質、特徵	花期、熟期	用途
梧桐	梧桐科	闊葉高木	土質不限	陽樹	成長快、耐剪定、移植力強。	花 6～7月 果 10月	大庭院
八仙花	虎耳草科	闊葉低木	肥沃有濕氣的土地	陰樹	成長快、萌芽力強、可以剪定。	花 6～9月 不結果	池端、大樹之間、建物北側
梅樹	薔薇科	闊葉高木	肥沃的砂質土	陽樹	成長快、有剪定力。有病蟲害、可移植。	花 2～3月 果 6月	主木、袖垣的點綴木
落霜紅	冬青科	闊葉低木	土質不限	陽樹	成長快、可強度剪定、萌芽力強。	花 6月 果 10月	玄關旁、池端、石附
齊墩果	齊墩果科	闊葉小高木	土質不限	陽樹	成長快、不可剪定。	花 5～6月 果 10月	列植在雜木庭園
金雀兒	豆科	闊葉低木	土質不限	陽樹	成長極快。有剪定力、萌芽力強。	花 4～5月 果 10月	單植在草坪庭園，或當樹籬、邊界
槐樹	豆科	闊葉高木	肥沃深層土	陽樹	成長略快、有剪定力。是吉祥樹。	花 7～8月 果 10月	單植、列植在前庭
大手毬	忍冬科	闊葉低木	土質不限	陽樹	成長慢，可以輕度剪定。	花 4～5月 不結果	單植在玄關旁等
海棠	薔薇科	闊葉小高木	排水好的土壤	陽樹	成長快，可進行剪定。	花 4～5月 不結果	門、玄關旁、池端
車香樹	車香樹科	闊葉高木	水豐富的肥沃地	陽樹	成長快但不愛剪定。有移植力，無病蟲害。	花 5月 果 10月	當主木群植
莢米	忍冬科	闊葉低木	土質不限	半陽樹	成長略快，樹勢強健。有剪定力。	花 5～6月 果 10～11月	雜木庭園
榠楂	薔薇科	闊葉高木	向陽的深層土	陽樹	成長快，可剪定、移植。有耐寒性。	花 4月 果 10月	單植在門旁等
櫟樹	殼斗科	闊葉高木	土質不限	陽樹	成長快，枝葉茂盛，可欣賞自然樹形。	花 5月 果 11月	雜木庭園
茱萸	茱萸科	闊葉低木	肥沃濕潤土	陽樹	成長快，樹勢強健。有移植力。	花 4～5月 果 10月	單植、前面
櫸木	榆樹科	闊葉高木	肥沃深層土	陽樹	成長快、萌芽力強、耐剪定。有耐風性。	花 4～5月 果 10月	綠蔭樹
麻葉繡球	薔薇科	闊葉低木	肥沃土壤	陽樹	成長快、萌芽力強。可剪定。	花 4～5月 果 10月	列植、前面
小枹	殼斗科	闊葉高木	肥沃深層土	陽樹	成長略快。可欣賞自然樹形。	花 5月 果 10月	群植、列植在雜木庭園
辛夷	木蘭科	闊葉高木	肥沃深層土	陽樹	成長快、有移植力。不可剪定。	花 3～4月 果 9月	單植、常綠樹前
石榴	石榴科	闊葉高木	土質不限	陽樹	成長快、有移植力。剪定徒長枝程度。	花 6～7月 果 10月	單植在門或玄關旁
百日紅	千屈菜科	闊葉高木	土質不限	陽樹	成長快、有剪定力。樹勢強健。	花 7～9月 果 10月	當作主木單植在草坪庭園
山茱萸	山茱萸科	闊葉高木	土質不限	陽樹	成長快、樹勢強健。有剪定力和耐寒性。	花 3～4月 果 10月	單植在大庭院
垂枝梅樹	薔薇科	闊葉高木	肥沃砂質土	陽樹	成長快、有剪定力。長枝會下垂，十分美麗。	花 2～3月 果 6月	主木
垂枝槐樹	豆科	闊葉高木	肥沃深層土	陽樹	成長略快，有剪定力。吉祥樹，枝會下垂。	花 7～8月 果 10月	單植
垂枝櫻樹	薔薇科	闊葉高木	肥沃深層土	陽樹	成長快，缺乏剪定力和移植力。枝會下垂，外觀優美。	花 4月 果 6月	主木
垂枝紅葉	槭樹科	闊葉低木	肥沃深層土	陽樹	成長快、不愛剪定。可移植。	花 4～5月 果 10月	高木的下木、遮燈、石附
垂柳	柳科	闊葉高木	土質不限	陽樹	成長極快，有剪定力。移植力弱。	花 3～4月 果 8月	單植在大草坪庭園
垂華辛夷	木蘭科	闊葉小高木	肥沃深層土	陽樹	成長快，有移植力。	花 3～4月 果 9月	單植、常綠樹前
粉花繡球	薔薇科	闊葉低木	土質不限	陽樹	成長快，樹勢強健。不可混植。	花 5～6月 果 10月	單植、群植在草坪庭園
白樺	樺木科	闊葉高木	土質不限	陽樹	成長快、不可剪定。怕公害、病蟲害。	花 5月 果 9月	群植在雜木庭園
白棣棠	薔薇科	闊葉低木	土質不限	陽樹	成長快、樹勢強健。	花 4～5月 果 8月	單植、群植在茶庭或露地庭
葦櫻	薔薇科	闊葉高木	肥沃土壤	陽樹	成長快但壽命短。不可剪定或移植。	花 4月 果 6月	大庭院的主木

樹木名	科名	型態	適地	日照	性質、特徵	花期、熟期	用途
車輪梅	薔薇科	闊葉低木	土質不限	陽樹	成長略慢、不可剪定。耐潮風、公害。	花 5月 果 10月	單植、固根、合植、遮掩
青栲	殼斗科	闊葉高木	粘質肥沃土	半陽樹	成長略快、耐強修剪。怕公害。	花 5月 果 10月	樹籬、高籬、防風籬、遮掩
瑞香	瑞香科	闊葉低木	濕潤弱酸性土	陽樹	成長略慢、討厭剪定。萌芽力弱、移植困難。	花 3～4月 果 7月	前面、石附
杉	杉科	針葉高木	排水好的 肥沃濕潤土	陽樹	成長快、萌芽力強、耐修剪。怕公害。	花 3月 不結果	主木（單植、群植）
西洋石楠	杜鵑科	闊葉低木	濕潤的土地	半陽樹	樹勢強健。在寒涼地會開美麗的花。	花 5月 果 10月	單植、植栽的前面
鐵樹	鐵樹科	針葉低木	乾燥的暖地	陽樹	成長慢，耐潮風、公害。討厭濕地。可移植。	花 6月 果 10月	單植或合植在西洋庭園或草坪庭園
大王松	松科	針葉高木	肥沃的土壤	陽樹	開始成長慢，之後會加快。不愛剪定。 移植困難。	花 4月 果 隔年秋天	當主木單植在大庭院、草坪庭園
洋玉蘭	木蘭科	闊葉高木	肥沃有水質的土壤	陽樹	成長略快，不可剪定。移植力弱。	花 5～6月 果 11月	當主木單植在大庭院
矮柏	松柏科	針葉高木	肥沃的濕潤地	半陽樹	成長慢，耐輕度剪定。移植困難。	花 4月 果 10月	當主木單植、群植。列植、遮掩、樹籬。
唐黃楊	黃楊科	闊葉高木	鹼性土壤	半陽樹	成長極慢，可以剪定。缺乏移植力。	花 4月 果 10月	庭園的主木
杜鵑類	杜鵑科	闊葉低木	土質不限	陽樹	成長快、樹勢強健。耐剪定。	花 5～6月 果 10月	單植、群植、修剪造型
絡石	夾竹桃科	常綠籐木	土質不限	半陽樹	成長略慢，耐剪定。萌芽力強、樹勢強健。	花 5～6月 果 10月	攀爬在拱門、格子架、籬笆
海桐	海桐花科	闊葉小高木	肥沃的濕潤地	陽樹	成長快、樹勢強健。具有移植力、萌芽力和剪定力。	花 6月 果 10月	單植在池端、草坪庭園或當樹籬、防風林
南天	小檗科	闊葉低木	土質不限	半陽樹	成長快，樹勢強健。不怕病蟲害。是吉祥樹。	花 6月 果 10月	栽植在玄關旁、盆栽前等。
香扁柏	松柏科	針葉高木	肥沃的濕潤地	陰樹	成長略慢、耐修剪。有類似檸檬的芳香。	花 5月 果 10月	樹籬、固根、前面
女真	木樨科	闊葉小高木	土質不限	半陽樹	成長極快、樹勢強健。耐剪定、可移植。	花 6月 果 10月	樹籬、遮掩、防風
矮檜	松柏科	針葉低木	乾燥的砂質土	陽樹	成長略快、不愛剪定。缺乏移植力。	花 4月 果 10月	栽植在石附、池端、門柱、圍牆
堅莢樹	忍冬科	闊葉低木	土質不限	陽樹	成長略快、耐剪定。	花 3～4月 果 10月	燈籠、蹲踞旁、露地庭園
濱柃	山茶科	闊葉低木	土質不限	半陽樹	樹勢強健、有剪定力。耐潮風。	花 3～4月 果 10月	植栽、遮掩、樹籬、邊飾
枸骨	木樨科	闊葉小高木	土質不限	陰樹	成長略慢、可以剪定。缺乏移植力。	花 10月 果 隔年7月	樹籬。單植修剪也可。
枸骨南天	小檗科	闊葉低木	土質不限	半陽樹	成長快但不可剪定。耐陰性。	花 3～4月 果 7月	石附、下木、盆栽前、固根
枸骨木樨	木樨科	闊葉小高木	土質不限	半陽樹	成長略慢、可以剪定。	花 10月 果 不結果	樹籬、列植
柃木	山茶科	闊葉低木	土質不限	半陽樹	成長略慢、可以剪定。有移植力。	花 3～4月 果 10月	樹籬、遮掩、植栽
南五味子	木蘭科	常綠籐木	土質不限	半陽樹	成長快、樹勢強健。可以強度剪定。	花 7～8月 果 10月	攀爬在棚架、籬笆
扁柏	松柏科	針葉高木	乾濕中庸的地	半陽樹	成長普通。缺乏移植力，耐剪定、整枝。	花 4月 果 10月	主木
喜馬拉雅杉	松科	針葉高木	土質不限	陽樹	強健耐寒氣，有剪定力和移植力。	花 10～11月 果 隔年秋天	單植在草坪庭園，或當樹籬、遮掩
絲杉	松柏科	針葉高木	略潮濕的土壤	陽樹	樹勢強健、萌芽力強。耐剪定。	花 4月 果 9～10月	西洋的庭園、草坪庭園
未央柳	連翹科	半長綠低木	土質不限	陽樹	成長快、萌芽力強。耐剪定。	花 6月以後 果 10月	單植在草坪庭園，或下木、固根
垂枝絲柏	松柏科	針葉高木	水多的土壤	陽樹	成長普通、可輕度剪定。移植困難、 圓錐形樹形很美。	花 4月 果 9～10月	單植、列植在草坪庭園
圓葉火棘	薔薇科	闊葉小高木	土質不限	陽樹	成長快、萌芽力強。可以強度剪定、移植力差。	花 5～6月 果 10月	單植、群植在大草坪庭園
正木	衛矛科	闊葉小高木	土質不限	陽樹	成長極快、強健。萌芽力強，耐剪定。	花 6～7月 果 10月	樹籬、防風
馬刀葉椎	殼斗科	闊葉高木	土質不限	半陽樹	成長快、耐強度剪定。有移植力。	花 6月 果 10月	防風、遮掩、植栽
豆黃楊	冬青科	闊葉低木	有濕氣的土壤	半陽樹	成長慢、萌芽力強。耐強度剪定，可移植。	花 5～6月 果 10月	列植、固根、樹籬
野木瓜	通草科	常綠籐木	肥沃的土壤	半陽樹	成長快、可強度剪定。	花 5月 果 10月	籬笆、棚架
細葉冬青	冬青科	闊葉高木	濕氣的肥地	陽樹	成長略慢，耐強度剪定。大樹也可移植。	花 4月 果 10月	主木、樹籬、遮掩
厚皮香	山茶科	闊葉高木	肥沃的土壤	陽樹	成長慢、不可剪定。有移植力。	花 7月 果 10月	主木、大庭院
八角金盤	五加科	闊葉低木	潮濕的土壤	半陽樹	也耐陰地。萌芽力差，不可剪定。	花 11月 果 隔年4月	遮掩、防風、前面、茶庭

庭園用樹木一覽表

●常綠樹

樹木名	科名	型態	適地	日照	性質、特徵	花期、熟期	用途
桃葉珊瑚木	山茱萸科	闊葉低木	濕氣的肥沃土	陰樹	討厭乾地，不愛剪定。生長略快，耐公害。	花 4～5月 果 12月	在茶庭、建物北側等的下木、固根、擋風
赤松	松科	針葉高木	乾燥土壤，土質不限	陽樹	耐剪定、萌芽力強。可移植、怕公害。	花 4月 果 隔年秋天	庭園的主木
馬醉木	杜鵑科	闊葉低木	肥沃土、土壤不限	半陽樹	萌芽力強、耐剪定。成長略慢，可移植。	花 3～4月 果 10月	石組、飛石等的石附、固根。
忍冬	忍冬科	闊葉低木	粘質肥沃土	陽樹	耐剪定、成長快。不愛移植。	花 7～11月 不結果	草坪庭園、石組或池端
粗櫧	殼斗科	闊葉高木	肥沃濕潤土	半陽樹	成長略快、耐修剪。略怕公害。	花 5月 果 10月	棒狀合植或樹籬
紫衫	紫衫科	針葉高木	喜好濕地	陰樹	成長慢、可以剪定、不可移植。寒地可利用。	花 3～4月 果 10月	主木、樹籬。 修剪庭園用
犬黃楊	冬青科	闊葉小高木	土質不限	陰樹	成長慢、萌芽力強。耐剪定、可移植。	花 5～6月 果 10月	玄關旁、樹籬的造型樹
土松	羅漢松科	針葉高木	土質不限	陰樹	萌芽力強、耐剪定、成長快。可移植。	花 5月 果 10月	主木、樹籬、防風籬
馬目	殼斗科	闊葉高木	土質不限	陽樹	成長略慢、耐修剪、可移植。耐公害。	花 5月 果 10月	主木、樹籬、掩飾、修成圓形列植
大紫杜鵑	杜鵑科	闊葉低木	乾燥砂質土壤	陽樹	成長略慢、耐剪定。樹勢強健。	花 4～5月 果 10月	植栽、樹籬、下草
龍柏	柏科	針葉高木	濕氣的陰濕地	陽樹	成長略慢、不愛移植。耐公害，耐寒性強。	花 4月 果 10月	列植或修剪成樹籬
隱蓑	五加科	闊葉小高木	土質不限	陰樹	樹勢強健、移植力強、不耐剪定。	花 6～7月 果 11月	茶庭、建物北側、玄關旁
光葉石楠	薔薇科	闊葉小高木	土質不限	陽樹	缺乏耐寒性、可以剪定。萌芽力強、成長快。	花 5～6月 果 10月	樹籬、遮掩
山月桂	杜鵑花科	闊葉低木	肥沃深層土	陽樹	耐寒性強、成長略快。不可以剪定。	花 5～6月 果 10月	單植在草坪庭園。 避免混植
小葉山茶	山茶科	闊葉高木	肥沃濕潤土	半陽樹	成長略慢，不耐剪定。	花 12～2月 果 10月	茶庭、盆栽前、固根
茄羅木	紫衫科	針葉低木	暖地砂質地	半陽樹	耐修剪、成長慢。怕移植、果實紅熟。	花 3～4月 果 10月	主木、樹籬、石附、池端、草坪庭園
夾竹桃	夾竹桃科	闊葉小高木	土質不限	陽樹	成長略快、耐剪定。耐公害、可移植。	花 7～9月 果 10月	西洋庭園、草坪庭園。 單植為宜。
金木樨 銀木樨	木樨科	闊葉小高木	土質不限	陽樹	成長略慢、不愛剪定。移植力強、樹勢強健。	花 9～10月 果 隔年5月	主木、遮掩、玄關旁或草坪庭園
黃楊木	黃楊科	闊葉小低木	土質不限	陽樹	樹勢強健，耐修剪。缺乏耐寒性。	花 3～4月 果 10月	花壇、玄關前邊飾、石附
樟木	樟科	闊葉高木	土質不限	陽樹	成長快，萌芽力強、耐剪定。 可移植，缺乏耐寒性。	花 5月 果 10月	當主木單植在大庭院
梔子	茜草科	闊葉低木	土質不限	半陽樹	成長略快，不愛強剪定。香氣佳。	花 6～7月 果 10月	樹籬、石附、盆栽前、固根、下木
鐵冬青	冬青科	闊葉高木	砂質土壤	半陽樹	成長慢，不愛強剪定。可移植，缺乏耐寒性。	花 5～6月 果 10月	主木、植栽、遮掩
黑松	松科	針葉高木	肥沃深層土	陽樹	成長快、耐潮害、公害。耐剪定，可移植。	花 4月 果 隔年秋天	主木、門蓋
月桂樹	樟科	闊葉高木	肥沃土地	陽樹	成長快、萌芽力強、耐剪定。移植力弱。	花 4～5月 果 10月	紀念樹、樹籬
金松	杉科	針葉高木	土質不限	陰樹	成長慢、怕公害。不愛移植、剪定。	花 4月 果 隔年秋天	當主木單植或列植在茶庭或草坪庭園
側柏	松杉科	針葉小高木	肥沃土地	陽樹	成長略慢、耐修剪，缺乏移植力。	花 4月 果 10月	單植或列植在西洋庭園或草坪庭園
五葉松	松科	針葉高木	肥沃深層土	陽樹	成長慢、不可強度修剪。移植困難。	花 5月 果 隔年秋天	主木、點綴木、門蓋
楊桐	山茶科	闊葉高木	肥沃深層土	陰樹	成長略快、耐修剪。移植困難。	花 6～7月 果 10月	在茶庭、露地庭院當下木
茶梅	山茶科	闊葉小高木	土質不限	陰樹	成長略慢、怕修剪。耐潮風、公害。	花 10～12月 果 隔年10月	遮掩、樹籬
五月杜鵑	杜鵑科	闊葉低木	濕氣的深層土	半陽樹	樹勢強健、成長快。耐修剪，可移植。	花 5～6月 果 10月	單植、群植、修剪造型、固根
花柏	柏科	針葉高木	肥沃的粘質土	半陽樹	成長快，耐修剪。可移植、略耐公害。	花 3～4月 果 10月	樹籬、列植、造型樹
珊瑚樹	忍東科	闊葉小高木	肥沃深層土	陰樹	成長略快、耐剪定、萌芽力強。略耐公害。	花 6～7月 果 10月	樹籬、遮掩、建物北側的植栽
米櫧	殼斗科	闊葉高木	排水好的肥沃土	半陽樹	成長快、耐修剪。耐潮害和公害、可移植。	花 6月 果 10月	樹籬、遮掩、植栽、防風、防火
石楠	杜鵑花科	闊葉低木	土質不限	陽樹	成長慢、厭惡剪定。萌芽力差、移植力弱。	花 5～6月 果 10月	植栽前面、池端、石附

作者簡介

三橋　一夫

1941年出生於千葉縣。是一級造園技能士，三橋庭園設計事務所的代表。一貫從事造型性的住宅庭園、山水風景、茶庭、數寄屋庭園的設計與施工。為了培育年輕的造園家，在日本庭園協會擔任「傳統庭園技塾」的企畫、營運和講師職務。且常以國際活動委員的身份，到海外巡迴指導日本庭園技術，舉辦有關國際日本庭園的企畫、營運研討會。同時是日本庭園協會的理事、日本庭園研究會理事、日本造園學會會員以及日本造園學院會員等。

事務所　千葉市花見川區作新台6-5-1

電話　043-257-1299

高橋　一郎

1948年出生於東京都。1970年畢業於東京農業大學造園學科。從1970年到1972年期間，曾接受擔任庭師的父親指導。之後到現在自營造園設計業。從事造園工程用設計圖等工作。是一級造園施工管理技士。日本庭園研究會理事。

事務所　東京都世田谷區用賀2-15-3

電話　03-3700-0871

TITLE

築夢踏石！打造現代日式庭園

STAFF

出版　瑞昇文化事業股份有限公司
作者　三橋一夫、高橋一郎
譯者　楊鴻儒

總編輯　郭湘齡
責任編輯　闕韻哲
文字編輯　王瓊苹　林修敏　黃雅琳
美術編輯　朱哲宏　謝彥如
排版　執筆者設計工作室
製版　明宏彩色照相製版股份有限公司
印刷　皇甫彩藝印刷股份有限公司

戶名　瑞昇文化事業股份有限公司
劃撥帳號　19598343
地址　新北市中和區景平路464巷2弄1-4號
電話　(02)2945-3191
傳真　(02)2945-3190
網址　www.rising-books.com.tw
Mail　resing@ms34.hinet.net

本版日期　2014年3月
定價　450元

●國家圖書館出版品預行編目資料

築夢踏石！打造現代日式庭園／
三橋一夫、高橋一郎著；楊鴻儒譯.
-- 初版. -- 台北縣中和市：瑞昇文化，2009.05
184面；21×26公分

ISBN 978-957-526-849-7（平裝）

1.庭園設計　2.造園設計　3.日本美學

435.72　98007275